HANS BELLMANN

PROTAGONIST
DER SCHWEIZER
WOHNKULTUR

JOAN BILLING & SAMUEL EBERLI
HANS BELLMANN – ARCHITEKT UND PRODUKTGESTALTER

HANS BELL MANN

PROTAGONIST
DER SCHWEIZER
WOHNKULTUR

DESIGN+DESIGN
SCHEIDEGGER & SPIESS

In der Überzeugung, dass Innovationen aus Erkenntnissen der Vergangenheit hervorgehen, haben wir uns für ein weiteres Jahr auf spannende Entdeckungsreisen durch Archive, Sammlungen und Originalschauplätze begeben und konnten so ein weiteres Stück Schweizer Design als Kulturerbe erschliessen. Das Ergebnis der Forschung ist die erste umfangreiche Aufarbeitung des Lebenswerks und Nachlasses von Hans Bellmann (1911–1990) und setzt die Reihe der von Design+Design herausgegebenen Serie «Protagonisten der Wohnkultur» fort.

Viele wertvolle Begegnungen und eine anregende Zusammenarbeit mit Fachspezialisten und Fachinstitutionen waren Teil dieser Arbeit. Ein grosser Dank geht dabei an das Museum für Gestaltung Zürich, welches uns mit grossem Vertrauen Zugang zu seinem Archiv und seiner Designsammlung gewährte, uns nicht nur den Nachlass von Hans Bellmann öffnete, sondern uns auch tatkräftig mit Leihgaben, wertvollen Archivdokumenten und Fotografien unterstützte. Ergänzend erhielten wir auch von Frau Rosemarie Bellmann Einsichten in das private Archiv ihres Mannes. Wir entdeckten spannende Korrespondenzen zwischen Hans Bellmann und den Bauhaus-Meistern Josef Albers und Wassily Kandinsky sowie Dokumente zu Ludwig Mies van der Rohe. Hans Bellmann studierte am Bauhaus in Dessau/Berlin nicht nur bei diesen Meistern, welche ihn für seinen Lebensweg nachhaltig prägten, sondern pflegte nach dem Studium auch weiterhin einen regen Austausch. Darin enthalten sind aufschlussreiche Briefe, welche uns den Menschen Hans Bellmann und seine Formensprache näherbrachten.

Eine packende Zeitreise war der Besuch des Bauernhauses von Hans Bellmann in Wiggwil, das er zu seinem persönlichen «Sandkasten» machte und in unzähligen Schritten umbaute und umgestaltete. Wir standen im Atelier von Hans Bellmann, durften vor Ort in den ersten originalen Bauhaus-Zeitschriften blättern und hielten den Studentenausweis mit den abgestempelten Semestern des Bauhauses in der Hand. Schliesslich konnten wir auch mit Möbelproduzenten von Hans Bellmann – Maria und Alex Strässle und der Möbelfabrik Horgenglarus – Kontakt aufnehmen und erhielten weitere Hintergrundinformationen und Einsicht in ihre Archive. An dieser Stelle danken wir allen ganz herzlich, die zum Gelingen dieser Publikation beigetragen und geholfen haben, einen weiteren Teil des beachtlichen und wertvollen Schweizer Designerbes zu sichern.

Joan Billing & Samuel Eberli
DESIGN+DESIGN

INHALT

VERSUCH EINER EINORDNUNG

Text: Joan Billing & Samuel Eberli

Aus Fachkreisen war uns Hans Bellmann bereits bekannt – als schon fast vergessener Protagonist der Schweizer Wohnkultur. Nach einem intensiven Jahr auf den Spuren von Hans Bellmann, mit ungezählten Stunden im Archiv der Designsammlung des Museums für Gestaltung Zürich, in Archiven einstiger Produzenten seiner Entwürfe (Strässle und Horgenglarus) und ergänzend in Gesprächen mit Rosmarie Bellmann, seiner Witwe, mit Weggefährten und Bewohnern seiner Bauten, hat sich seine Schlüsselposition als Gestalter einer neuen Ära moderner Wohnlichkeit deutlich herausgeschält.

Hans Bellmann gab das Gedankengut des Bauhauses, das er als junger Mensch kennenlernte nicht nur weiter, sondern entwickelte es auch um den Bedürfnissen einer neuen Generation gerecht zu werden. Obwohl er in der Zwischenzeit in Vergessenheit geraten ist, hat sein Werk seine Strahlkraft und Auswirkung bis heute nicht verloren. Er prägte die Schweizer Designlandschaft nicht nur als Gestalter, sondern auch als Dozent.

Sein Weg begann mit dem Studium Anfang der 1930er-Jahre am Bauhaus Dessau/Berlin und der ersten Etappe als Gestalter und Inneneinrichter bei Möbelgeschäften. Es folgte ein Parcours in Architekturbüros und als selbständiger Architekt bis zur Tätigkeit als Möbelentwerfer und Industriedesigner und -berater. Die Zeit am Bauhaus prägte seine Arbeitsweise. Mies van der Rohe, Lilly Reich und Josef Albers waren unter anderem seine Dozenten. Der Satz von Lilly Reich «Das Möbel ist ‹Erziehung zum Millimeter›» begleitete ihn ein Leben lang und beeinflusste seine Arbeitsweise. Seine Skizzen und Pläne zeugen von dieser Maxime. Sicher waren auch seine persönlichen Erfahrungen entscheidend. Er erlebte die Wirtschaftskrise und die Machtergreifung der Nationalsozialisten in Berlin sowie die Schliessung des Bauhauses hautnah mit, was ihn dazu brachte, aus Protest seinen deutschen Pass abzugeben und eine Zeit lang staatenlos zu sein.

Vor allem seine ersten Möbelentwürfe trafen den Nerv des Lebensgefühls der Nachkriegszeit – einer Zeit des gesellschaftlichen und wirtschaftlichen Umbruchs, gekennzeichnet durch Mobilität und Leben am Existenzminimum. Hans Bellmann formulierte in seinem eigenständigen und konsequenten Werk sinnbildlich die Wünsche einer modernen Wohnlichkeit. Seine Entwürfe entwickelte er für Menschen, die ihre kleinen Wohnungen mit nützlichen und praktischen Möbeln und Gegenständen ausstatten wollten. Deren materialgerechte Konstruktion setzte in ökonomischer und ökologischer Hinsicht neue Massstäbe und kam dabei mit gerade so wenig Material aus wie unbedingt nötig.[1] Ein weiterer Fixpunkt in seinem Gestaltungsprozess war der hohe Anspruch an Eleganz und Schönheit der Objekte, ohne künstlerisch zu wirken. Um all diese Eigenschaften zu vereinen, forschte er bereits früh und als einer der ersten in Europa an neuen Materialien wie Kunststoff und Herstellungsmethoden für Schalenformen aus Polyester und Holz.

Hans Bellmann selbst definierte sich jedoch in erster Linie als Architekt, der vom Gestalten fasziniert war[2] und im Millimeterbereich arbeitete. Dennoch ist unverkennbar, dass seine Entwürfe etwas Architektonisches und Ikonografisches ausstrahlen.

Weshalb Hans Bellmann derart in Vergessenheit geraten ist, können wir heute nur erahnen. Seine Entwürfe wurden mehrmals mit der Auszeichnung «Die gute Form» vom Schweizerischen Werkbund honoriert. Vermutlich war er kein einfacher Mensch, wie die Produzenten Maria und Alex Stässle einmal bemerkten.[3] Er diskutierte gerne und hatte ein starkes Gerechtigkeitsempfinden, das wohl auf die Zeit am Bauhaus zurückzuführen war. Sicher war es für ihn eine seiner glücklichsten und unbeschwertesten Zeiten bis zur schockierenden Schliessung des Bauhauses durch die Nationalsozialisten. Leider wurde er oft als empfindsam oder sogar streitsüchtig wahrgenommen, da er seine eigene Meinung hatte und diese klar vertrat. Er zählte nicht zu den Mitläufern, sondern ging seinen eigenen Weg, der nicht immer der einfachste war. Unsere Recherche hat das Bild eines Menschen ergeben, der ein Problem analysieren und verstehen wollte, bevor er eine eindeutige Lösung präsentierte. Seine Sensibilität galt immer der Sache und dies schlug sich in seinen Entwürfen nieder. Selbstbewusst und kämpferisch verteidigte er diese, auch weil er keine verschwommenen Lösungen dulden mochte.

Hans Bellmann arbeitete unermüdlich und akribisch. Nach seinen eigenen Angaben, hat er zu 70 Prozent für den Abfallkorb gearbeitet.[4] Ein Schicksal, das die Designer auch heute noch teilen und das durch den Computer und die Informationsüberflutung erst recht gefördert wird.

Bis aus einer Idee gutes Design wird, braucht es zahlreiche Prozesse und Interaktionen zwischen Menschen aus verschiedenen Disziplinen: Zeichnungen, Entwürfe, Muster, Diskussionen, zum Beispiel über Fertigungsqualität und Nachhaltigkeit, Handwerk, Prototypen, Pläne und Konstruktionszeichnungen für die Herstellung, Grafik, Verpackung und Präsentation. Design wird oft nur auf die äussere Gestaltung reduziert und die Gedanken, Geschichten und Ideen dahinter werden vergessen.

Ein weiterer Grund, weshalb Hans Bellmann heute nur noch bei Fachspezialisten ein Begriff ist, liegt in seiner bescheidenen Art. Er drängte sich nie in den Vordergrund und vermied den Rummel – obwohl er sehr gerne tanzte. Ende der 1960er-Jahre zog er sich ins Private zurück, kümmerte sich um sein eigenes Haus und war Formberater in der Schweizer Industrie – eine Tätigkeit, die ihm lag. Er genoss die Freiheit, die er für Reisen ins In- und Ausland nützte. Mitte der 1980er-Jahre reiste er nach China und wirkte bei architektonischen Projekten eines seiner ehemaligen Studenten mit. Bellmann war kein Eigenbrötler, sondern setzte sich mit anderen Designern seiner Zeit auseinander und suchte Wege, wie sie miteinander agieren konnten. Vermutlich ist diese Kraft, die von Hans Bellmann ausging, der Grund, weshalb die Ausstellung im Kunsthaus Luzern 1951 so gut gelang. Hier setzte er nicht nur seine Entwürfe ein, sondern auch diejenigen seiner Berufskollegen. Der grosse Erfolg der Wohnbedarf AG Zürich und Basel in der Nachkriegszeit hat massgebend mit seinen Möbeln zu tun. Seine Tätigkeit als Dozent bezeugt wiederum, dass es ihm wichtig war, seine umfangreichen Kenntnisse und sein vielseitiges Können zum Bauen, Gestalten und Entwerfen weiterzugeben an eine neue Generation. Er lehrte an der Hochschule für Gestaltung in Ulm, an der Kunstschule in Zürich bzw. in Basel und an der University of Washington in Seattle, USA. Diese Publikation soll dazu beitragen, dass Hans Bellmann seinen wohlverdienten Platz in der Schweizer Designgeschichte bekommt und so auch als Teil des wertvollen Erbes wahrgenommen wird. Dank Fachspezialisten wie Arthur Rüegg und Claude Lichtenstein, welche noch zu Lebzeiten von Hans Bellmann Interviews festhalten und chronologische Hergänge verifizieren konnten, wurde es erst möglich, einen Überblick über sein Schaffen zu erlangen.

Joan Billing, Designerin, betreibt Forschung, Beratung und publiziert zu Design zusammen mit **Samuel Eberli,** Architekt in Baden. Sie initiierten 2007 Design+Design, kuratieren die jährliche Ausstellung der Serie «Protagonisten der Schweizer Wohnkultur» und geben die dazugehörende Publikation heraus.

Fussnoten

1 Es gelang ihm in seinen Möbeln, die fast unvereinbaren Seiten von Schönheit, Funktionalität, Ökonomie und Ökologie zu verbinden und bei den Käufern Anklang zu finden. So kommt es, dass der Einpunkt-Stuhl nach über sechzig Jahren noch heute produziert wird.

2 Interview von Arthur Rüegg mit Hans Bellmann. Katalog Wohnbedarf, 1990.

3 Biografie Hans Bellmann, Maria und Alex Strässle.

4 Arthur Rüegg in einem der letzten Interviews 1990 mit Hans Bellmann.

Linke Spalte oben Bauhaus-Gebäude Aufnahme ca. 1930–1932, Foto Iwao Yamawaki. **Unten** Hans Bellmann (3. von links, mit Brille) und Mitstudenten auf einem Balkon des Prellerhauses, Bauhaus Dessau, ca. 1932. Foto Fritz Schreiber.

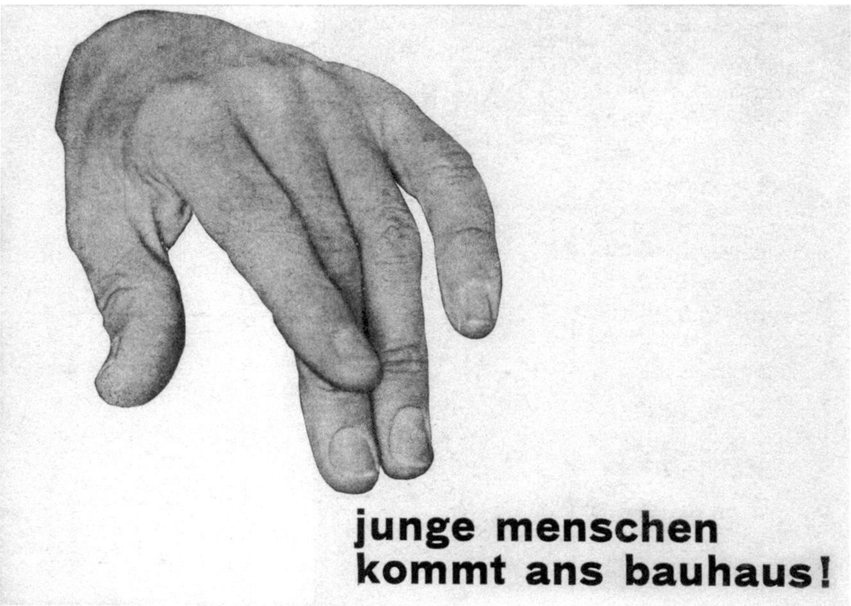

Rechte Spalte oben Hans Bellmann (4. von rechts, in die Kamera blickend) im Kreis seiner Dozenten Lilly Reich und Ludwig Hilberseimer sowie von Mitstudenten am Bauhaus Berlin, 1932. Fotograf unbekannt. **Mitte** Studentenausweis von Hans Bellmann mit den abgestempelten Semestern. **Unten** Hannes Meyer, Rückseite des Umschlags einer Bauhaus-Broschüre von 1929.

BIOGRAFIE HANS BELLMANN 1911–1990

Text: Joan Billing & Samuel Eberli

1911

KINDHEIT UND JUGEND

Am 25. September 1911 wird Hans Georg Bellmann in Turgi im Kanton Aargau geboren. Der Vater Georg Albin Bellmann, von Beruf Galvaniseur, stammt aus dem sächsischen Dresden. Auch die Mutter Maria Katharina, geborene Eckhardt, ist deutsche Staatsangehörige und kommt aus dem württembergischen Augsburg. Nach dem Besuch der Primarschule in Gebenstorf und der Bezirksschule in Turgi absolviert Hans Bellmann eine dreijährige Lehre als Bauzeichner bei Architekt Bölsterli in Baden. Nach der kantonalen Abschlussprüfung besucht er als Hospitant ein Jahr lang das Abendtechnikum in Zürich.

1931–1933

STUDIUM AM BAUHAUS

Hans Bellmann schreibt sich im Bauhaus für den Grundkurs ein. Dort begegnet er namhaften Künstlern wie Josef Albers, Wassily Kandinsky, Alfred Arndt und Hinnerk Scheper, welche die Grundkurse des 1. Semesters halten. Ergänzend dazu absolviert Bellmann Kurse in Psychologie bei Karlfried Graf Dürckheim, Betriebslehre bei Johannes Riedel und Mathematik bei Willi Saemann. Das 2. Semester der Grundlehre überspringt er und tritt direkt in die Bau- und Ausbauabteilung des Bauhauses ein. Hier lernt er die Architekten Ludwig Hilberseimer und Mies van der Rohe sowie die Innenarchitektin Lilly Reich kennen.

1933

UMZUG BAUHAUS

Den Umzug des Bauhauses von Dessau nach Berlin sowie die Schliessung im April 1933 infolge der Machtübernahme durch die Nationalsozialisten erlebt Hans Bellmann hautnah mit. Er erhält nach nur fünf absolvierten Semestern das Bauhaus-Diplom Nr. 115, das letzte Diplom der Bauabteilung, unterschrieben von Ludwig Mies van der Rohe und Ludwig Hilberseimer.

1933–1934

ATELIER LUDWIG MIES VAN DER ROHE

Nach dem Erhalt des Diploms arbeitet Hans Bellmann im Atelier des Architekten Ludwig Mies van der Rohe in Berlin weiter, wo er bereits während des Studiums gewesen ist.

1934

RÜCKKEHR IN DIE SCHWEIZ

Innerlich abgestossen vom politischen Klima in Deutschland kehrt Bellmann im Frühjahr überstürzt in die Schweiz zurück. Da sich diese in einer tiefen wirtschaftlichen Krise befindet, verdient er sich seinen Lebensunterhalt vorerst als Schaufensterdekorateur in Zürich.

1934–1938

ZUSAMMENARBEIT MIT DER WOHNBEDARF AG

Bereits 1934 beginnt mit der Firma Wohnbedarf in Zürich eine enge Zusammenarbeit, die bis in die 1950er-Jahre andauern und verschiedene Formen annehmen wird. In dieser Zeit lernt er auch seine zukünftige Frau kennen. Er beschäftigt sich mit Ladenbau und -einrichtungen neben dem Entwickeln von Kastenmöbel.

1936

RÜCKGABE DES DEUTSCHEN PASSES

Aus Protest gegen das nationalsozialistische Regime in Deutschland gibt Bellmann den deutschen Pass ab und ist nun bis 1939 staatenlos.

1939

EINBÜRGERUNG IN DER SCHWEIZ

Kurz vor dem Ausbruch des Zweiten Weltkriegs wird Hans Bellmann in der Schweiz eingebürgert. Er leistet Aktivdienst in einem Tessiner HD-Detachement.

1939–1941

ARCHITEKTURBÜRO LEOPOLD M. BOEDECKER

Mit seinem Stellenantritt 1939 bei Leopold M. Boedecker in Zürich ergibt sich endlich die Gelegenheit, als Architekt tätig zu werden. Er kann an den Vorbereitungen zur Schweizerischen Landesausstellung von 1939 mitarbeiten (Pavillons des Strassenverkehrs und der Post, Telephon, Telegraph – PTT).

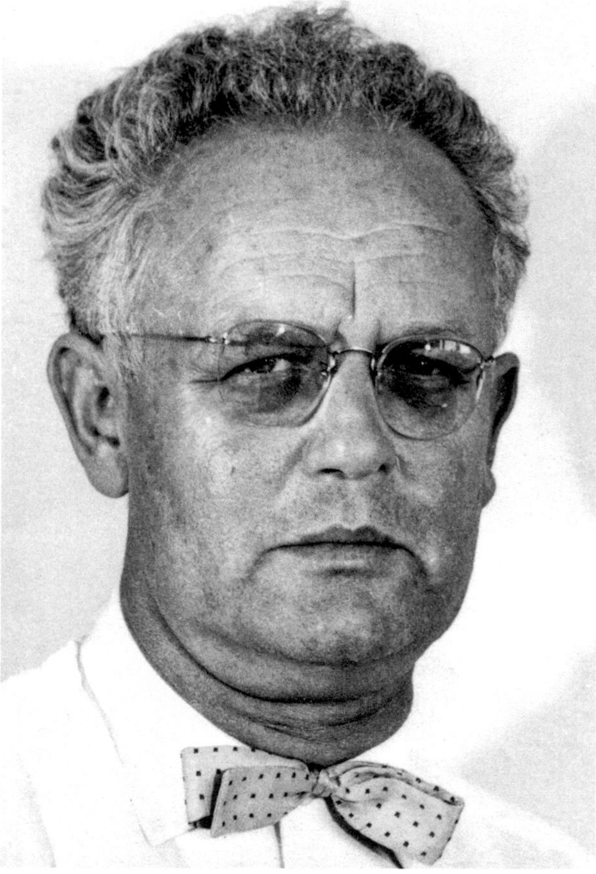

Oben links Als Lehrer an der Kunstgewerbeschule Zürich. Foto Fotoklasse der Kunstgewerbeschule
Oben rechts «1933 auf der abschiedsfahrt» mit Bleistift auf der Rückseite des Bildes vermerkt. Und: «photo von Beck» als Bildautor. Hans Bellmann (ganz links) mit seinen Mitstudenten aus dem Bauhaus Berlin.
Unten links Porträt von 1949. Fotostempel auf der Rückseite: «Photographie Eva Simon, 73 Rue de Livourne, Bruxelles».
Unten rechts Porträt Hans Bellmann.

1941–1944

ARCHITEKTURBÜRO GEBRÜDER TAMI
Im Architekturbüro der Gebrüder Rino und Carlo Tami in Lugano findet er seine zweite Anstellung als Architekt und kann für die Erstellung des Zeughauses in Faido, für das Elektrizitätswerk in Airolo sowie für weitere Wohn-, Hotel-, und Geschäftsbauten die Bauleitung übernehmen.

1944–1945

ARCHITEKTURBÜRO HANS BRECHBÜHLER
Bellmann wechselt ins Architekturbüro von Hans Brechbühler in Bern. Dort wird gerade das Montagebausystem «Chasseral», ein teilweise vorfabriziertes Holzhaus, entwickelt. Hier entsteht auch der erste Entwurf eines Typenmöbels: Bellmanns Kolonialtisch.

1945–1946

BEI ARCHITEKT ALFRED ROTH IN ZÜRICH
1945 kehrt Bellmann nach Zürich zurück und beginnt die Mitarbeit im «Bureau technique pour la reconstruction» am Neumarkt. Unter der Leitung des Architekten Alfred Roth werden Bausysteme für vorfabrizierte Häuser «in Eternit» entwickelt.

1946

SELBSTSTÄNDIGKEIT ALS GESTALTER
Hans Bellmann wird freier Architekt in Zürich und betätigt sich auch als Industrie-Entwerfer. Bereits im ersten Jahr entwickelt er eine ganze Reihe von Typenmöbeln aus Holz, die vom Wohnbedarf Zürich/Basel vertrieben werden. Diese erste Möbelkollektion, darunter ein als Raumteiler einsetzbares Spannstützengestell mit Holzkästen, wird eine der wichtigsten der Nachkriegszeit werden.

1947

LANDHAUS BERTSCHI AUF DER FORCH («WEGGLIBURG»)
Hans Bellmann kann erste Projekte als Architekt verwirklichen: Auf der Forch bei Zürich baut er für die Familie Bertschi ein bestehendes Chalet um und fügt einen Zubau an.

1948

ZUSAMMENARBEIT MIT KNOLL INTERNATIONAL
Es beginnt eine fruchtbare Zusammenarbeit zwischen der Möbelfirma Knoll International in New York. Knoll produziert in Lizenz einige Entwürfe von Hans Bellmann, zum Beispiel den Kolonialtisch.

1948–1955

LEHRTÄTIGKEIT AN DER KUNSTGEWERBESCHULE ZÜRICH
Hans Bellmann unterrichtet an der Kunstgewerbeschule Zürich im Grundkurs technisches Zeichnen und Bauzeichnen sowie Baukonstruktion. Als die Direktionszeit von Johannes Itten zu Ende geht, tritt auch Bellmann als Lehrer in Zürich zurück.

1950

HAUS OBERHOLZER IN ZÜRICH
Für die Familie Oberholzer entwirft und baut er in Zürich-Höngg ein Wohnhaus am Hang («Haus für das Existenzminimum»).

1951

AUSSTELLUNG «KUNST UND WOHNKULTUR»
Für die Ausstellung «Kunst und Wohnkultur» im Kunsthaus Luzern, die vom 4. November 1951 bis 6. Januar 1952 gezeigt wird, richtet Bellmann den Oberlichtsaal mit Möbeln der Firma Wohnbedarf ein. Darunter sind sowohl Entwürfe von ihm als auch von Max Bill, Eero Saarinen und Pierre Jeanneret. Erstmals wird Schweizer Wohnkultur zeitgemäss und mit visionärem Charakter gezeigt.

1952

ENTWURF EINPUNKT-STUHL
Hans Bellmann entwirft den Einpunkt-Stuhl, der aus einer Sperrholz-Sitzschale und einem leichten Metallgestellt besteht und von einer einzigen Schraube zusammengehalten wird. Hergestellt bei Horgenglarus, wird er vom Wohnbedarf Zürich/Basel vertrieben. Der Entwurf erhält die Auszeichnung «Gute Form SWB», eine von Dutzenden, die Bellmann über die Jahre für seine Entwürfe bekommt. Eine weitere Auszeichnung «Gute Form SWB» erhält Hans Bellmann für seinen Entwurf von Sanitärapparaten, die er für die Firma Sabez Zürich entwickelt. Die Waschtischserie führt den Namen Carina und die Badebatterie nennt sich Arwa-Therm. Für den Wohnbedarf-Laden an der Aeschenvorstadt 43 in Basel führt er zudem einen Umbau mit Erweiterung aus.

1953

MÖBELGESCHÄFT HEYDEBRAND
Es folgen der Umbau des Möbelgeschäfts Heydebrand an der Metzgergasse 34 in Bern und der Bau des Hauses von Dr. Nievergelt am Greifensee («das Haus im Modulor»).

1953–1954

GASTDOZENT AN DER ULMER SCHULE
Max Bill – Rektor der Hochschule für Gestaltung in Ulm – beruft Hans Bellmann als Dozenten im ersten regulären Studienjahr der HfG. Bellmann veranstaltet im Rahmen des Grundkurses das Seminar «Räumliche Gestaltung». Wegen der Kontroversen mit Max Bill um den Einpunkt-Stuhl beendet Bellmann nach kurzer Zeit seine Lehrtätigkeit. Während dieser Zeit begegnet er Josef Albers wieder und es beginnt eine intensive briefliche Freundschaft, die bis zu Albers' Tod im Jahr 1976 dauert.

1954

MÖBELKOLLEKTION DOMUS
Für das deutsche Einrichtungshaus Domus entwirft Hans Bellmann eine Möbelkollektion. Diese umfasst unter anderem eine Abänderung des Spannstützengestells, das nun eine einfachere Montage zulässt. An der Mustermesse Basel wird im Rahmen der Ausstellung «Die gute Form» der Einpunkt-Stuhl vorgestellt.

1954

HEIRAT UND FAMILIENGRÜNDUNG
Hans Bellmann heiratet Rosmarie Rüeger. Aus der Ehe stammen vier Töchter: Sabina, Monica, Pia und Franziska.

1955

ZWEISCHALEN-HOLZSTUHL
Als Antwort auf die Kontroverse um den Einpunkt-Stuhl mit Max Bill entwirft er den GA-Stuhl, der aus zwei zueinander geneigten Sitzbrettern besteht.

1955–1961

MÖBELKOLLEKTION FÜR STRÄSSLE

Hans Bellmann experimentiert mit glasfaserverstärkten Polyesterschalen und fertigt für die Firma Strässle Söhne in Kirchberg SG eine erste Kollektion. Die als Sitwell bekannte Kollektion umfasst neben dem berühmten Fauteuil Modell 101 auch Sofas, Stühle und Hocker und wird mit der «Guten Form SWB» ausgezeichnet.

1958

MÖBELKOLLEKTION FÜR SENSFELDER

Für die französische Möbelfirma Sensfelder entwirft er ebenfalls eine Kollektion mit gepolsterten Sesseln und Sofas.

1958–1959

GEWERBESCHULE BASEL

An der Innenausbau-Abteilung der Allgemeinen Gewerbeschule Basel ist Hans Bellmann als Lehrer tätig und strengt eine Erneuerung des Lehrprogramms unter Direktor Berchtold von Grüningen an.

1959

FORMBERATER FÜR THERMA

Ende der 1950er-Jahre intensiviert er seine Aktivität als Formberater. Er übernimmt ein Mandat für die Firma Therma in Schwanden GL und richtet auch ihren Ausstellungsraum in Zürich ein.

1959–1964

FORMBERATER FÜR HOMOPLAX

Der ehemalige technische Leiter der Firma Horgenglarus, nun Direktor von Homoplax in Fideris GR, beauftragt Hans Bellmann als Formberater bei der Herstellung der ersten Holzspanplatten.

1960

TELEFON EXPO 64

Für die Landesausstellung Expo 64 in Lausanne entwirft Bellmann ein neues Schweizer Telefon.

1963

ENTWURF GA-KOLLEKTION

Als Ergänzung zum 1955 entstandenen zweischaligen GA-Stuhls entwirft Hans Bellmann eine ganze GA-Kollektion. Enthalten sind Modelle im Massstab 1:10 von Sesseln und Sofas. Ein fertiger Prototypensessel steht in Wiggwil in seinem Atelier.
Er nimmt auf Einladung von Prof. Iwao Yamawaki an der Design Exhibition 63 in Tokio teil. Iwao Yamawaki (1898–1987) hatte als Student von 1930 bis 1932 am Bauhaus die Fächer Architektur und Fotografie belegt. Nach seiner Rückkehr nach Japan begann er die Inhalte des Bauhauses weiterzuvermitteln.

1964–1965

GASTDOZENT UNIVERSITY OF WASHINGTON

Von September 1964 bis Mai 1965 lehrt er auf Einladung als Gastdozent am Architekturdeparتement der University of Washington in Seattle, USA. Darauf reist Bellmann während zweier Monate quer durch die USA. Von September bis Dezember 1965 wirkt er als Visiting Critic an der Graduate School of Architecture, Harvard University, Cambridge, USA.

1968

BAUERNHAUS WIGGWIL BEI BEINWIL

Im Freiämter Dorf Wiggwil kauft er für seine Familie ein Bauernhaus, an dem er während 20 Jahren stetig baut. Er nennt es «meinen Sandkasten». Zudem fertigt er Wandbilder und Holzskulpturen an, die er gern als «meine Holzcheibe» bezeichnet. Auch im zunehmenden Alter wandert Bellmann gerne, nur mit einem kleinen Zelt ausgestattet wie die Wandervögel, die er während der Zeit im Bauhaus schätzen lernte, auf den Spuren der europäischen Kunstgeschichte.

1970–1971

BERATER ALUSUISSE ZÜRICH

Für die Firma Alusuisse in Zürich übernimmt er das Mandat als Formberater zur Entwicklung von Fassadenelementen.

1975–1982

PROJEKT WOHNSIEDLUNG IN MURI

Hans Bellmann arbeitet an diversen Umbauten und einem Projekt für eine Wohnsiedlung in Muri AG. Er plant zudem ein Wohnhaus für einen Lehrer, das jedoch nicht umgesetzt wird.

1983–1984

MITARBEIT ARCHITEKTURBÜRO ANTONY H.P. WONG

Anthony H.P. Wong, ein ehemaliger Student aus Seattle, lädt ihn in sein Architekturbüro nach Hongkong ein. Daraus entsteht eine Mitarbeit Bellmanns an einem Geschäftshaus in Hongkong und einem Hotel in Peking. Die Einladung verknüpft Bellmann mit einer Studienreise nach Peking, Xian, Shanghai und zur chinesischen Mauer.

1990

Am 26. Oktober 1990 stirbt Hans Bellmann im Alter von 79 Jahren in Wiggwil.

Quellenangaben

Arthur Rüegg: *Schweizer Möbel und Interieurs im 20. Jahrhundert*, Basel/Berlin, 2002 (Birkhäuser).

Arthur Rüegg, Ulrich P. Wieser: *Hans Bellmann, Architekt und Industrie-Entwerfer*, Ausstellungskatalog Wohnbedarf, Basel, 1991.

Arthur Rüegg, Ruggero Tropeano: *Wege zur Guten Form*, Basel, 1995.

Christian Brändle, Renate Menzi, Arthur Rüegg: *100 Jahre Schweizer Design*, Zürich, 2014.

Bildnachweis

S. 12, Museum für Gestaltung, Designsammlung und Archiv ZHdK, © ZHdK.
S. 10, Bauhaus-Archiv, Berlin, © Makato Yamawaki, Tokio.
S. 10, Bauhaus-Archiv, Berlin.
S. 10, Stiftung Bauhaus Dessau.
S. 10/12/15, Archiv Rosmarie Bellmann, Wiggwil.

Hans Bellmann in der Bibliothek. Fotograf unbekannt,
Archiv Rosmarie Bellmann, Wiggwil.

BAUHAUS, WOHNBEDARF, BAUPRAXIS

Auf dem Weg zum Industrie-Entwerfer. Hans Bellmanns Werdegang gleicht einer Entdeckungsreise durch eine Vielzahl von Disziplinen und Massstabsbereichen.

Text: Arthur Rüegg

Von der Zeitschrift «Interieur» 1967 gefragt, weshalb er Industrial Designer geworden sei und wie junge Leute auf diesen Beruf vorzubereiten wären, gab Hans Bellmann leicht gereizt zu verstehen, dass er sich dezidiert gegen das «Industrial Design« als modisch konnotiertes Schlagwort abgrenze, denn: «Ich bin in erster Linie Architekt.» Industrial Design – wie er es verstehe – setze jedenfalls eine «sehr breite Allgemeinbildung« voraus, zu vermitteln über eine «klassische Maturität sowie einen Form- und Handwerksunterricht, der erst noch geschaffen werden muss».

In Bellmanns Votum schwingt die eigene Erfahrung mit, verbunden mit einer Prise Frustration. So beginnt seine Laufbahn nicht am Gymnasium Aarau, sondern mit einer dreijährigen Bauzeichnerlehre in Baden. Er hospitiert dann am Abendtechnikum Zürich und streckt dort seine Fühler aus. Der aus Baden stammende Kunsthistoriker Josef Gantner, damals Redaktor der Zeitschrift «Das Neue Frankfurt», rät ihm sehr (sic) zu einem Studium am Bauhaus Dessau, das – im Rang einer Hochschule – «die konsequenteste moderne Bauschule in Europa» sei (Brief vom 2.3.1931). Dessau liegt in Sachsen-Anhalt, nahe der Heimat des aus Dresden über die Romandie in den Aargau eingewanderten Vaters. Was Wunder, wenn Bellmann bereits im Sommerhalbjahr 1931 den Grundkurs am Bauhaus bei Albers, Kandinsky, Arndt und Scheper absolviert, mit ergänzenden Kursen bei Graf Dürckheim (Psychologie), Dr. Riedel (Betriebslehre) und Prof. Seemann (Mathematik). Die Farbenlehre Hinnerk Schepers – nicht zuletzt sein Umgang mit Pigmenten – beeinflusst ihn nachhaltig, ebenso die Begegnung mit Wassily Kandinsky – dem «Aristokraten» – und vor allem mit Josef Albers, den er 1954 an der HfG Ulm wieder trifft und dem er dann bis zu dessen Tod im Jahr 1976 in freundschaftlichem Kontakt verbunden bleibt. Auch wenn der Briefwechsel der späten Jahre von mancher Enttäuschung der beiden handelt – nicht zuletzt wegen fehlender Nennungen in Publikationen und Ausstellungen –, so behält doch die gegenseitige Zuneigung des «dear old gentleman» und seines «begeisterten Bauhaus-Studenten» die Oberhand. Der generalistische und humanistische Anspruch Bellmanns dürfte nicht zuletzt in dieser frühen Bauhaus-Erfahrung und in einem geografischen Umfeld wurzeln, in dem Goethe und Schiller ebenso allgegenwärtig sind wie die Glaswerke Zeiss und Schott oder der Flugzeughersteller Junkers.

Das zweite Semester darf der gelernte Bauzeichner überspringen; Bellmann tritt in die Bau- und Ausbauabteilung des Bauhauses ein und macht im Herbst 1932 den Umzug nach Berlin mit. Seine ersten Projekte bestechen weniger durch formale Raffinesse als durch die konsequente Zonierung der Grundrisse, die er sein Leben lang weiterentwickeln wird. Bellmann, der am Bauhaus unter dem Necknamen «Lachmann» bekannt ist, macht bei den Wandervögeln mit und verinnerlicht deren gleichzeitig eiserne und fröhliche Disziplin. Neben den Architekten Ludwig Mies van der Rohe – seit 1930 Direktor des Bauhauses – und Ludwig Hilberseimer trifft er im Ausbauseminar auch die Innenarchitektin Lilly Reich, deren Aussage «Das Möbel ist die Erziehung zum Millimeter» Bellmanns Auffassung vom Industrial Design prägen wird. 1933 entsteht bei Hilberseimer ein städtebauliches Projekt zur Planung des Tempelhofer Felds. Bellmann dokumentiert nicht nur seine frühen Arbeiten, sondern sammelt auch alle am Bauhaus zirkulierenden Zeitschriften und Pamphlete, unter anderem das Sprachrohr der in der Kostufra zusammengeschlossenen Fraktion der kommunistischen Studierenden.

Im Februar 1933 feiert die ganze Schule an zwei aufeinanderfolgenden Samstagen ein ausgelassenes Faschingsfest. Am 11. April schliessen

Hans Bellmann (3. von links, mit Brille) und Mitstudenten auf einem
Balkon des Prellerhauses, Bauhaus Dessau, ca. 1932.
Foto Fritz Schreiber.

Linke Spalte Hans Bellmann, Studentenarbeiten am Bauhaus Dessau, 1931/32: Perspektive «Gartenhaus»; Grundriss «Sommerhaus»; Perspektivstudie.
Rechte Spalte Bauhaus Berlin, Berlin-Steglitz, Foto Howard Dearstyne; Hans Bellmanns Bauhausdiplom Nr. 115; Ludwig Mies van der Rohe, Wettbewerb Reichsbank Berlin, 1933, Perspektive.

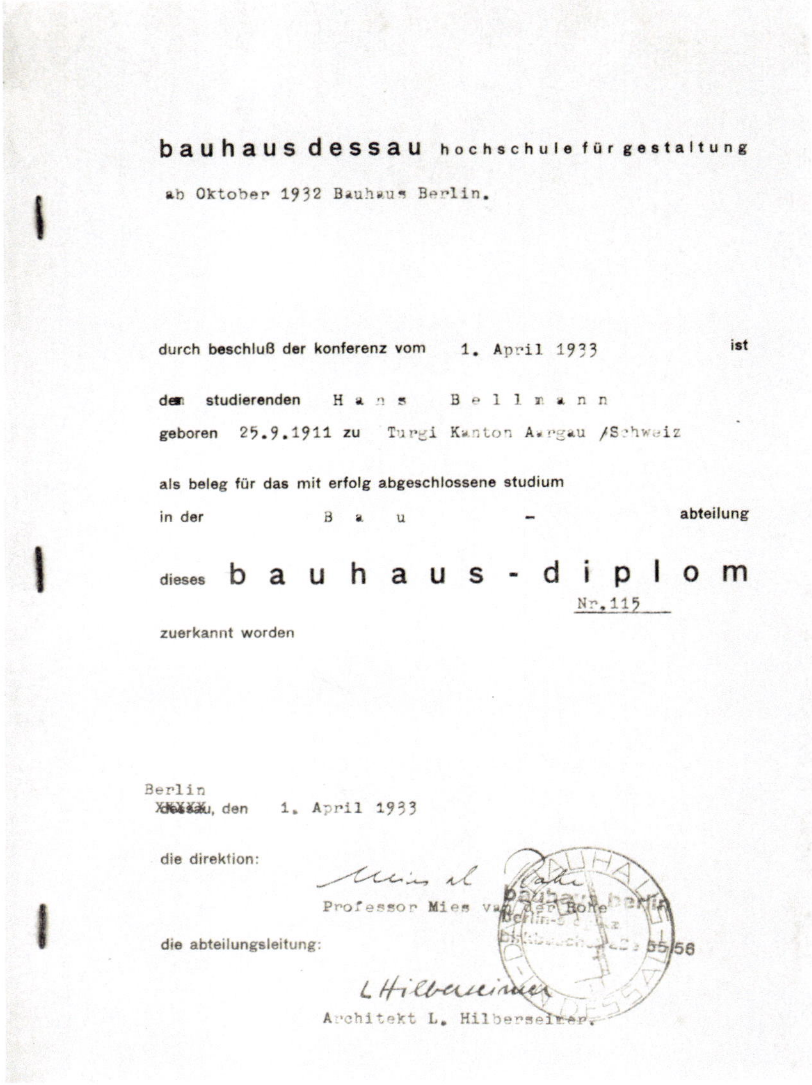

bauhaus dessau hochschule für gestaltung

ab Oktober 1932 Bauhaus Berlin.

durch beschluß der konferenz vom 1. April 1933 ist

dem studierenden Hans Bellmann

geboren 25.9.1911 zu Turgi Kanton Aargau /Schweiz

als beleg für das mit erfolg abgeschlossene studium

in der Bau- abteilung

dieses **bauhaus-diplom**

Nr. 115

zuerkannt worden

Berlin
~~Dessau~~, den 1. April 1933

die direktion:

Professor Mies van der Rohe

die abteilungsleitung:

Architekt L. Hilberseimer.

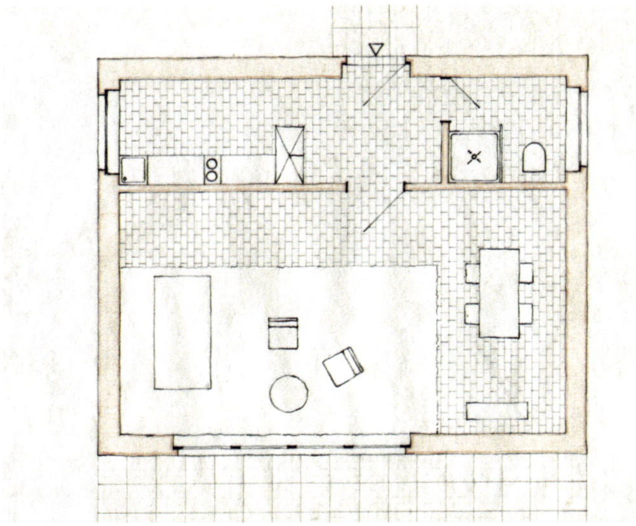

PTT-Pavillon an der Schweizerischen Landesausstellung
in Zürich 1939. Bau L.M. Bodecker Architekt BSA, Zürich.
Foto Hans Finsler.

die kurz zuvor an die Macht gekommenen Nationalsozialisten das Bauhaus Berlin, wenige Tage nachdem die letzte ordentliche Konferenz vom 29. März Bellmann uneingeschränkt ins sechste Semester aufgenommen hatte und der Studierendenausweis für das Sommerhalbjahr abgestempelt worden war. Wenn Bellmann stattdessen das bereits auf den 1. April 1933 datierte, von Mies und Hilberseimer unterzeichnete Bauhaus-Diplom Nr. 115 – «das letzte Diplom der Bauabteilung» – erhält, geschieht das vielleicht unter Berücksichtigung der anschliessenden Arbeit im Privatatelier Mies van der Rohes. Er zeichnet bei Mies am geladenen Wettbewerb für die Erweiterung der Reichsbank auf einem Gelände nahe des Werderschen Markts (Abgabe im Mai 1933) und an Hofhausprojekten, bevor er im Frühjahr 1934 in die Schweiz zurückkehrt. Hitler hatte den Auftrag für die Reichsbank – unter Missachtung des prestigeträchtigen Verfahrens – persönlich an den Reichsbankbaudirektor Heinrich Wolff vergeben.

Nach einem Intermezzo als Schaufensterdekorateur findet der junge Architekt Arbeit bei der 1931 gegründeten «Zentralstelle für den neuzeitlichen Wohnbedarf» – der Wohnbedarf AG –, die sich auf dem ersten Zenit ihrer Entwicklung befindet. Zu ihrer eigenen Stahlrohrmöbelkollektion kommen im Mai 1934 das finnische Holzmöbelprogramm von Alvar Aalto und die Stoffe der Bauhausweberin Otti Berger, im Herbst die neuen Aluminiummöbel von Marcel Breuer hinzu. Am 1. August öffnet die Corso-Bar mit dem Wandbild von Max Ernst und der von Wohnbedarf gelieferten Aalto-Möblierung. Der ambitionierte Spiritus rector des Unternehmens, der Kunsthistoriker und studierte Maschineningenieur Sigfried Giedion, amtet zwischen Juli und Dezember selbst als interimistischer Leiter der technischen Stelle, der die Projekttätigkeit obliegt. Bellmanns Begeisterung für Le Corbusier wird wohl auf die Wohnbedarfzeit zurückgehen; er kauft sich einen Glastisch von Corbusier/Jeanneret/Perriand und eine Stehleuchte «Gras» (ein «objet-type» Le Corbusiers) für seinen privaten Arbeitsplatz.

Bald nach dem Stellenantritt Bellmanns gerät die Schweiz in den Bann der Weltwirtschaftskrise. Bei der Wohnbedarf AG wird die Projekttätigkeit auf ein Viertel reduziert und im Januar 1935 übernimmt der Kaufmann Rudolf Graber das Geschäft von den Mitgründern Giedion und Werner Max Moser in alleinigen Besitz. Graber leitet eine Konsolidierungsphase ein, die dem strebsamen Entwerfer kaum Perspektiven bietet. Bellmann widmet sich vor allem Bau- und Einrichtungsfragen, überarbeitet die Inkombi-Schränke Max Ernst Haefelis und entwirft ein paar Kastenmöbel («klotzige Sachen») sowie einen Dachgepäckträger für Automobile. Zweifellos erwirbt er jetzt die handwerklichen und technischen Kenntnisse, die er später von angehenden Industrial Designern erwarten wird. 1937 lanciert Graber eine Kollektion mit Möbeln in Naturholz («neue möbel in arve, kirschbaum, nussbaum, tanne») und beginnt bald darauf einen Antiquitätenhandel aufzubauen, mit dem er die Wohnbedarf AG über die Kriegszeit hinüberretten wird. Bellmann verlässt das Unternehmen 1938, um eine prägende Erfahrung reicher.

Inzwischen ist er staatenlos. 1936 hat der Fünfundzwanzigjährige seinen deutschen Pass aus Protest gegen das Naziregime zurückgegeben. Erst 1939 – «vierzehn Tage vor dem Ausbruch des Zweiten Weltkriegs» – wird er in der Schweiz eingebürgert. Noch pflegt er eine lose Beziehung zu einigen Bauhaus-Meistern. Von Kandinsky, der seit Ende 1933 in Paris lebt, sind Briefe aus den Jahren 1937 und 1939 erhalten und von Mies erhält er 1938 eine Aufforderung, alle am Bauhaus unter ihm selbst sowie unter Hilberseimer und Reich verfassten Arbeiten zu Dokumentations-

zwecken zur Verfügung zu stellen, sowie eine Durchschrift der (auf Deutsch abgefassten) Antrittsvorlesung am Armour Institute in Chicago, dem späteren IIT.

Im Vorfeld der Schweizerischen Landesausstellung 1939 findet Bellmann, inzwischen 27 Jahre alt, eine erste Stelle als Architekt. In den folgenden Jahren erlebt er an vorderster Front mit, wie die ideologisch aufgeladene Bauhaus-Moderne endgültig in eine neue, am konkreten Fall orientierte Verbindlichkeit übergeführt wird. Auf einer rastlos anmutenden Suche nach der ihm gemässen – rationalen und zugleich poetischen – Architektur engagiert sich Bellmann bei verschiedenen Gegnern des bloss Gefälligen oder gar Heimattümelnden. Zunächst arbeitet er bei Leopold M. Boedecker, der den Umbau der Konditorei Sprüngli und das Clubhaus des Zürcher Seeclubs (1934) verantwortet hat und nun für die Landi gleich zwei aufsehenerregende, direkt beim Eingang Wollishofen angesiedelte Projekte verfolgt. Der Pavillon des Strassenverkehrs wird innen und aussen durch eine in Form einer Acht ausgebildeten Schleife dominiert, eine überdeckte «Passtrasse» auf der alle möglichen Vehikel Aufstellung finden sollen. Vor der zweigeschossigen Halle «Post, Telegraph, Telephon» bildet ein rundum verglastes Telefon- und Telegrafenbüro den Blickfang, das, unter einem weitausladenden Flugdach auf dünne Stützen aufgeständert, durch zwei leichte Freitreppen gerahmt wird.

Nach dem Kriegsausbruch leistet Bellmann zeitweise Aktivdienst in einem Tessiner Hilfsdienst-Detachement. An der Landi hat er Rino Tami kennengelernt, der gleichzeitig mit dem am Zürichhorn gelegenen Grotto Ticinese auch die neue Kantonsbibliothek in Lugano baute – eine Pionierleistung der modernen Tessiner Architektur. 1941 wird Bellmann (nach eigener Aussage) als «Bürochef» bei den Gebrüdern Carlo und Rino Tami angestellt. Er zieht nach Lugano, findet bei einer Italienerin an der Piazza Funicolare Unterschlupf und nimmt drei Italienischlektionen pro Woche. Bis 1944 arbeitet er an verschiedenen Militär- und Wohnbauten im Tessin sowie – aufgrund eines Wettbewerbserfolgs – an der noch 1943 unter Dach gebrachten Zentrale Airolo des Kraftwerks Lucendro, einer mehr als 60 Meter langen, mit Strebepfeilern rhythmisierten Granitkonstruktion (laut Bellmann «das erste Elektrizitätswerk ohne Kathedralenfenster»). 1944 wechselt er zum Corbusier-Schüler Hans Brechbühler, dem Architekten der Gewerbeschule Bern, der zusammen dem Sankt Galler Eric Steiger und einer interessierten Zimmerei das Montagebausystem «Chasseral« entwickelt. Das teilweise vorfabrizierte Holzhaus Ommerli wird mit Bellmanns erstem, aus einer für ihn typischen Aufwallung heraus entstandenen Typenmöbel ausgestattet. Bevor er sich 1946 als freier Architekt und Industrie-Entwerfer in Zürich etabliert, vertieft er seine Studien zur Vorfabrikation am Zürcher Neumarkt im «Bureau technique pour la reconstruction» unter der Leitung von Alfred Roth, wo er mit dem Kollegen Otto Kolb auch den Bau von selbstgebautem Mobiliar «exerziert». Kolb kommt 1947 – wohl durch die Vermittlung Roths – zu einem Lehrauftrag an der Kunstgewerbeschule Zürich, den Bellmann ab 1948 übernimmt. Doch vorerst schliesst dieser – im ersten Jahr nach Kriegsende – seine weitgehend selbstbestimmte, alle Massstabsbereiche umfassende Ausbildung ab. Nun ist er bereit, wie ein Phoenix aus der Asche zu steigen und innerhalb eines einzigen Jahres eine der wichtigsten neuen Möbelkollektionen der Schweiz – wenn nicht ganz Europas – zu entwerfen.

Arthur Rüegg
ist Architekt in Zürich (geb. 1942), war 1991–2007 Professor für Architektur und Konstruktion an der ETH Zürich und forscht und publiziert zu Konstruktion, Farbe und Wohnkultur der Moderne. Letzte Ausstellungen und Publikationen: *Le Corbusier – Möbel und Interieurs 1905–1965*, 2012; *100 Jahre Schweizer Design*, Zürich 2014 (mit Renate Menzi); *Sammeln heisst Forschen*, Zürich 2015 (mit Ruggero Tropeano), *Chandigarh sehen*, Zürich 2015 (mit Bruno Maurer).

Anmerkungen des Autors
Dieser Artikel beruht auf Materialien aus dem Nachlass Hans Bellmanns sowie einem Gespräch, das ich im Hinblick auf den 1991 beim Wohnbedarf Basel erschienenen Katalog zusammen mit Ulrich P. Wieser am 24. April 1990 mit Hans Bellmann führte. Die in Anführungszeichen gesetzten Kommentare sind Zitate aus diesem Interview.

Bildnachweis
S. 18, Museum für Gestaltung, Designsammlung, ZHdK, © ZHdK.
S. 17/18, Stiftung Bauhaus Dessau.
S. 18/21, Archiv Arthur Rüegg.
S. 18, Archiv Rosmarie Bellmann, Wiggwil.
S. 19, Stiftung Moritzburg, Halle/Saale, © Stiftung Moritzburg, Halle/Saale.

Linke Seite Carlo und Rino Tami, Elektrische Kraftzentrale Lucendro, Airolo, 1943/44. Foto Arnoldo und Willi Borelli, aus «Werk» 1945/10.
Rechte Seite Hans Brechbühler, Haus Ommerli, Könizbergwald 1944/45. Wohnraum mit dem neuen Kolonialtisch Hans Bellmanns. Foto Fritz Henn, Archiv Arthur Rüegg.

ERSTE MÖBEL-KOLLEKTION 1946–1947

Seine erste Möbellinie stellte Hans Bellmann innerhalb eines einzigen Jahres zusammen und realisierte damit für die Firma Wohnbedarf in Zürich und Basel die Basis zum Durchbruch in eine moderat gelebte, wiedererweckte Bauhaus-Moderne.

Text: Joan Billing & Samuel Eberli

Mod. 1400
Büchergestell
Etagère
Bookshelf
Entwurf:
H. Bellmann SWB
Zürich

1400 a
Doppelstütze
Double-montant
twin support

1400 b, c, d
Tablar 85 × 24 cm
rayon 85 × 18 cm
shelf 55 × 18 cm
1400 e
Schreibteil
Ecritoire
Desk section

Mod. 1400 f
Kleiner Schrank
mit Schiebetüren
Petite armoire avec portes
à coulisses
Small cupboard with
sliding doors

Mod. 1400 g
Kleiner Schrank mit Klappe
Petite armoire à panneau
rabattable
Small cupboard with flap

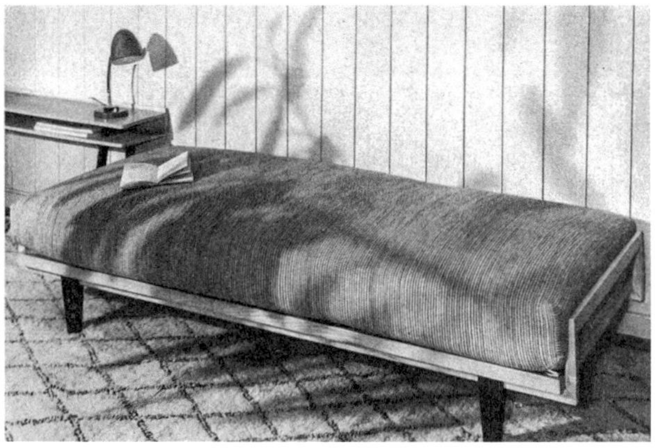

Linke Seite Rückseite eines Produkteblatts zum Spannstützenregal Modell 1400. Herausgegeben von der Wohnbedarf AG Zürich/Basel. Foto Hans Finsler.
Oben Lättlicouch Modell 1150 mit verstellbarem Kopfteil für die Wohnbedarf AG Zürich/Basel. Fotos Michael Wolgensinger.

Obwohl Hans Bellmann sich im Jahr 1946 als Architekt selbstständig machte, engagierte er sich weiter als Möbelentwerfer und intensivierte diese Tätigkeit sogar. Dabei knüpfte er an seinen Entwurf aus dem Jahr 1944 – den Kolonialtisch – an und es entstand eine fruchtbare, intensive Zusammenarbeit mit der Firma Wohnbedarf Zürich. Hans Bellmann entwickelte für den Wohnbedarf von 1946 bis 1947 seine ersten Typenmöbel. Diese erste Möbelserie bildete nicht nur den Grundstock seines Werks als Entwerfer, sondern gab auch der wieder auflebenden Firma Wohnbedarf Auftrieb. Das Möbelhaus erholte sich gerade von den Folgen einerseits der Weltwirtschaftskrise und andererseits des Zweiten Weltkriegs. Während dieser harten Zeit verfolgte der Wohnbedarf unter der Leitung von Rudolf Graber zwei verschiedene Strategien, die sich jedoch ergänzten. So steckte die Firma, um die Krisen überstehen zu können, seine moderne, internationale Linie, mit der sie vor dem Zweiten Weltkrieg führend war und Furore machte, einerseits etwas zurück und ergänzte andererseits das Sortiment mit antiken Möbeln, Hirtenteppichen und Kunstobjekten. Rudolf Graber blieb aber seiner Suche nach neuen, innovativen Möbeln treu. So konnte sich die Wohnbedarf AG vom damaligen schwerfälligen Heimatstil distanziert halten und doch eine breitere Kundschaft ansprechen. Vielleicht hat die Faszination des Kontrasts von Möbeln, Avantgarde, Raumarchitektur und Szenerie im häuslichen Umfeld Rudolf Graber zu seiner mutigen Kombination im Möbelhaus Wohnbedarf animiert.

Als sich eine Besserung der weltpolitischen und wirtschaftlichen Lage abzeichnete, sammelte Rudolf Graber die zeitgenössischen Schweizer Einrichtungsgestalter um den Wohnbedarf und suchte wieder Anschluss an die internationale Avantgarde. Dabei verlagerte sich der Sortimentsschwerpunkt von den Stahlrohrmöbeln der Vorkriegszeit nun zu den industriell gefertigten Holzmöbeln. Bei den Hauptlieferanten löste die holzverarbeitende AG Möbelfabrik Horgenglarus die auf Stahlrohrmöbel spezialisierten Embru-Werke Rüti ab.

Eines der ersten und wichtigen Möbelstücke im neuen Programm war der Kolonialtisch von Hans Bellmann. Daher erscheint eine damalige Anfrage des Wohnbedarfs bei Hans Bellmann nach weiteren Entwürfen als bereits vorgespurt.

Hans Bellmann entwarf für eine neuartige Möbellinie aus Holz den zerlegbaren runden Esstisch (Modell 1110), dessen Tischplatte aus verschiedenen Hölzern wie Esche, Birke oder Ahorn besteht und mit gebeizten Füssen aus Massivholz in Buche versehen ist. Passend dazu entwickelte Bellmann einen zargenlosen Stuhl mit gekreuzten Beinen. Weitere Möbel der Kollektion sind gepolsterte Halbfauteuils ohne Armlehnen und mit halbrunden Lehnen, eine Couch (Modell 1150) mit passenden Beistelltischen, sowie ein halbrundes Polstersofa (Modell 1270). Des Weiteren entwarf er einen Schrank, dessen Rahmen aus Naturholz mit Sperrholzfüllung und Türen aus Pavatex besteht und der als Wäsche- oder Herrenkleiderschrank dienen kann. Schliesslich folgt die Ikone einer ganzen Generation von Typenmöbeln: das frei im Raum stehende, standsichere und erweiterbare Spannstützengestell mit seinen kombinierbaren Kastenelementen.

Alle Entwürfe der neuen Möbellinie von Hans Bellmann bestehen hauptsächlich aus Holz. Als mobile Typenmöbel wurden sie frisch entworfen und entsprangen nicht bereits bekannten Vorläufern. Sie trafen den Zeitgeist und in ihrer Rezeption wurden ihnen Qualitäten wie Eleganz, Schönheit neben Attributen wie Brauchbarkeit und Zweckmässigkeit zugesprochen. Das grundlegende Gestaltungsprinzip ist ihnen gut anzusehen und ihre Zerlegbarkeit gewährleistet die Widerverwendbarkeit bei einem Umzug. Ihr neutraler Habitus lässt den Raum in seiner Beschaffenheit bestehen. Die Möbel können schnell abgebaut, gestapelt und transportiert werden. Durch die Typisierung und die industrielle Fertigung konnte eine Präzision unter den Einzelteilen gewährleistet werden, die eine radikale Ökonomie der eingesetzten Mittel unter sparsamster Materialverwendung ermöglichte. Die treibende Ideologie erforderte dabei

Links Büchergestell mit Schreibklappe und addierbaren Elementen. Davor ein zargenloser Stuhl mit gekreuzten Beinen. **Rechts** Ablage und Verstaumöbel für Herrenkleider und Wäsche. Naturholzrahmenkonstruktion mit Sperrholzfüllungen, Türen aus Pavatex. Foto Hans Finsler.

durchaus Konzessionen an den Gebrauchswert. So ist zum Beispiel die Montage des Spannstützengestells im freien Raum deutlich kniffliger, als das Konstruktionsprinzip es vermittelt.

Die Merkmale der ersten Möbellinie von Hans Bellmann folgten seinen Ideen vom Nützlichen, Praktischen und Formschönen; sie kamen dem neuen Lebensmotto der nachkriegszeitlichen Wohnkultur entgegen und waren wie geschaffen für den neuen Zeitgeist – das nomadische Wohnen. Die Zeit nach dem Krieg war von einer Mobilität gekennzeichnet, die alle gesellschaftlichen Schichten erfasste. Die mobilen Typenmöbel von Hans Bellmann reihten sich neben den Paketmöbeln ein, die von der 1945 gegründeten Genossenschaft Wohnhilfe in Zürich hergestellt wurden. Diese Vereinigung von Schreinerbetrieben um Jakob Müller, welcher auch auf seine Art die neue Gesellschaftsentwicklung und ihre Bedürfnisse erkannt hatte, bot schlichte, günstige, zerlegbare und stapelbare Holzmöbel für eine mobile Gesellschaft an. Es brauchte also für dieses moderne nomadische Volk neue Ideen und Entwicklungen sowohl im Design wie auch in der Herstellung. Hans Bellmann wusste sehr gut, was Migration bedeutet, und zwar nicht nur als Problemstellung, sondern auch als Lebensstil. Während seiner Zeit am Bauhaus in Dessau/Berlin erlebte Deutschland gerade den Höhenpunkt der Wirtschaftskrise und Hans Bellmann lernte so die schöngeistige Wandervogelbewegung kennen und schätzen. Zeitlebens blieb er dieser Philosophie und der Reiselust treu, welche ihn unter anderem nach Irland, Frankreich, Italien und Marokko führte. Noch heute sind Landkarten dieser Länder im Musikzimmer seines Wohnhauses in Wiggwil wandbreit aufgehängt.

Joan Billing, Designerin, betreibt Forschung, Beratung und publiziert zu Design zusammen mit **Samuel Eberli,** Architekt in Baden. Sie initiierten 2007 Design+Design, kuratieren die jährliche Ausstellung der Serie «Protagonisten der Schweizer Wohnkultur» und geben die dazugehörende Publikation heraus.

Bildnachweis
S. 22-27, Museum für Gestaltung, Designsammlung, ZHdK, © ZHdK.
S. 22/24, Stiftung Moritzburg, Halle/Saale, © Stiftung Moritzburg, Halle/Saale.
S. 23/25, Baugeschichtliches Archiv Zürich, © Lea Wolgensinger.
S. 25-27, Wohnbedarf Prospektblätter aus dem Archiv Rosmarie Bellmann, Wiggwil.
S. 25-27, Prospektblätter: Richard Paul Lohse-Stiftung Zürich, © 2015, ProLitteris, Zürich.

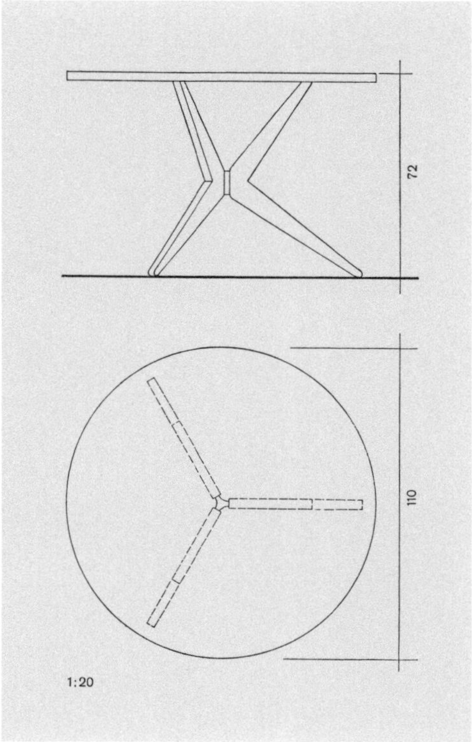

Oben links Runder Esstisch Modell 1110, zerlegt. Mit Bettladenbeschlägen werden die Beine am Metallprofil im Knick eingehängt und mit einer Schraube im Tischblatt gesichert. **Oben rechts** Ausmassskizze. **Unten links** Die Tischplatte wurde in Esche, Ahorn, Birke, Linol oder Textolite produziert, die Füsse in Massivholz Buche gebeizt. Fotos Michael Wolgensinger. **Unten rechts** Prospektblatt der Wohnbedarf AG Zürich/ Basel. Gestaltung Richard Paul Lohse, Richard Paul Lohse-Stiftung Zürich, © 2015, ProLitteris, Zürich.

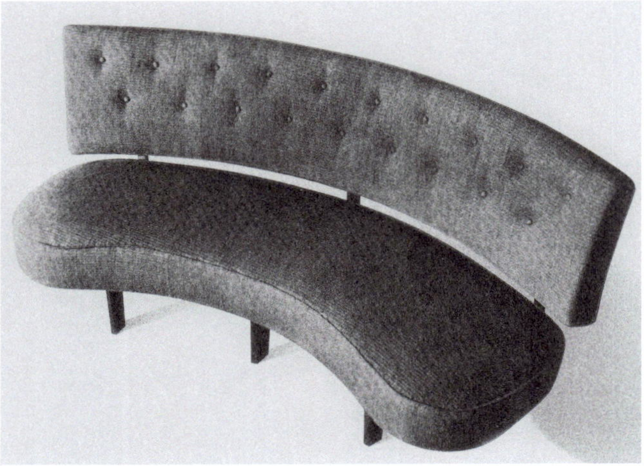

Links «Bellmann Sofa» Modell 1270.
Breite 190 cm, Tiefe 90 cm, Höhe 75 cm, Sitzhöhe 38 cm. Polster auf Holzrahmen, Textilbezug abgeheftet, Gestell Ahorn natur oder gebeizt. Verschiedene Hersteller für Wohnbedarf AG Zürich/Basel, 1946 bis ca. 1957, Vertrieb Wohnbedarf AG Zürich/Basel. Fotograf unbekannt.
Mitte Die für Bellmann selten angewandte organische Formensprache unterstreicht bei diesem Typenmöbel sichtbar das kommunikative Moment in einer locker zusammengestellten Runde mit Fauteuils von Alvar Aalto, Pierre Jeanneret und Eero Saarinen sowie einem Tisch vermutlich auch von Hans Bellmann. Foto Max Buchmann.
Unten Datenblatt und Vorderseite des Wohnbedarf-Prospektblatts. Gestaltung Richard Paul Lohse, Richard Paul Lohse-Stiftung Zürich, © 2015, ProLitteris, Zürich.

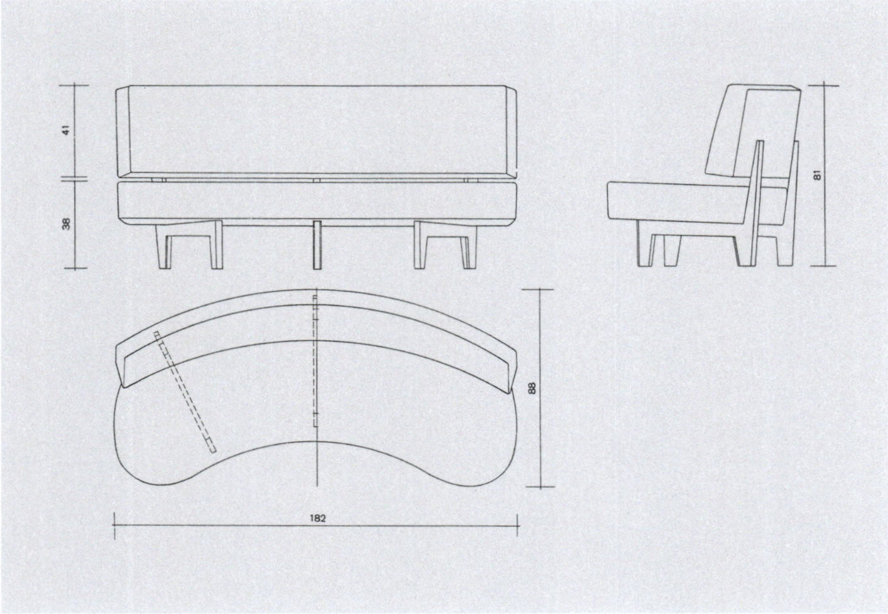

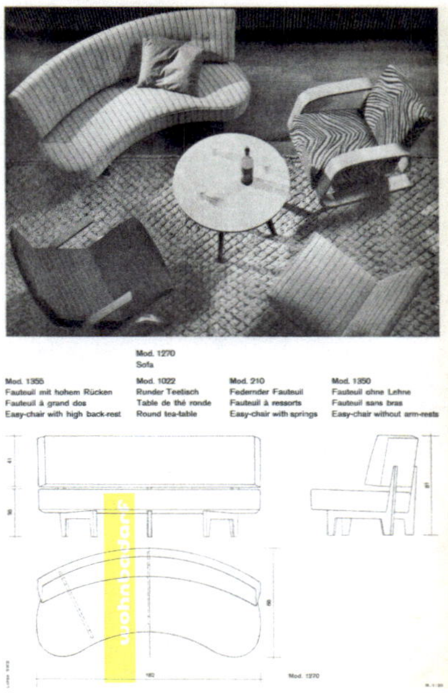

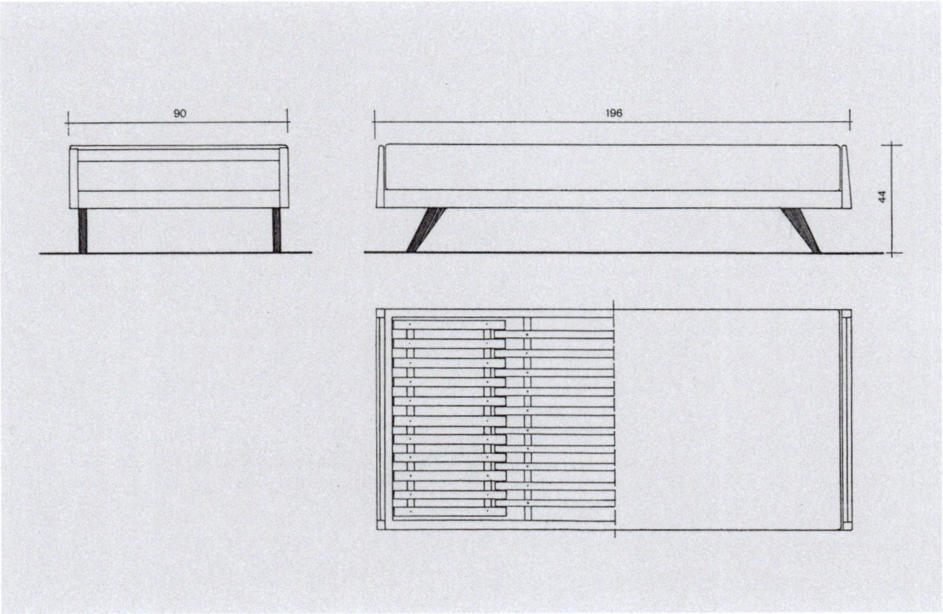

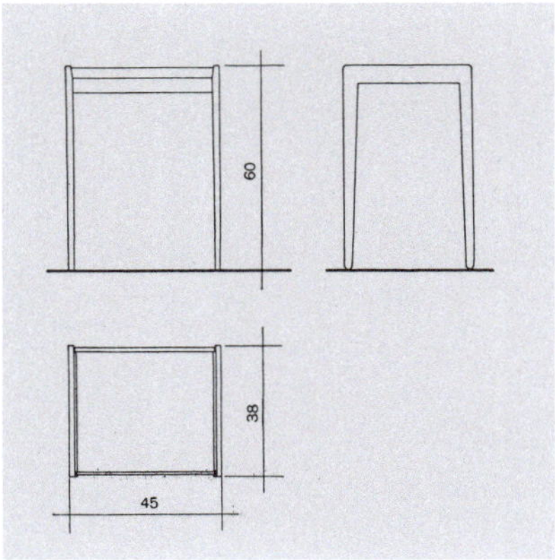

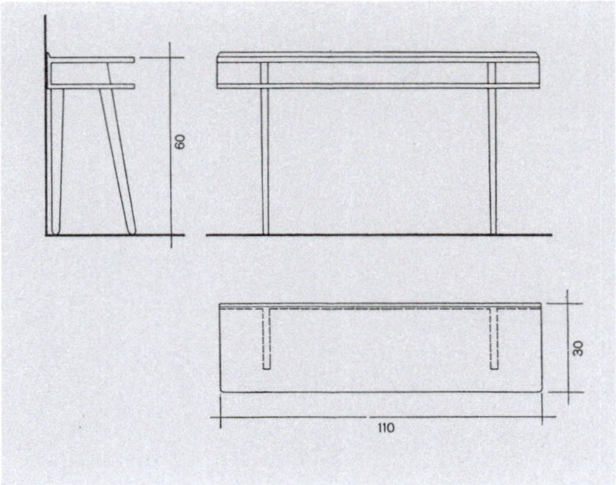

Oben Die Lättlicouch in Kombination mit dem Lese- und Schreibpult für die Wohnbedarf AG Zürich/Basel. **Mitte links und unten** Ausmassskizzen. **Mitte rechts** Prospektblatt der Wohnbedarf AG Zürich/Basel. Bildnachweis für Prospektblatt und Ausschnitt oben: Gestaltung Richard Paul Lohse, Richard Paul Lohse-Stiftung Zürich, © 2015, ProLitteris, Zürich.

KOLONIALTISCH 1944

Aus einer Wette im Architekturbüro Hans Brechbühler in Bern hervorgegangen, entstand 1944 das erste Typenmöbel von Hans Bellmann. Als Ableitung von einem faltbaren Dreibeinhocker passte der leichte, zerlegbare und verstaubare Tisch bestens zu den bereits bekannten und beliebten Kolonialstühlen.

Text und Art Direction: Joan Billing & Samuel Eberli / Fotos: Michael Lio

Als Hans Bellmann sein erstes Typenmöbel entwarf, war er gerade vom Tessin nach Bern gezogen, um im Architekturbüro vom Hans Brechbühler als Architekt zu arbeiten. Im Gesellschaftsraum des Büros standen mehrere sogenannte Kolonialstühle aus Holz und Stoff um den roh belassenen Abschnitt eines Baumstamms. Dies muss eine hitzige Debatte zwischen Hans Brechbühler und Hans Bellmann ausgelöst haben. Dabei vertrat Brechbühler die Auffassung, dass der Baumstamm die Natur und ihre Poesie widerspiegle, während Bellmann, der als Student den aufkommenden Nationalsozialismus und die darauf folgende Schliessung des Bauhauses miterlebt hatte, ihn als Symbol einer gewalttätigen, alten, primitiven Welt betrachtete. Schliesslich kam es zu einer Wette, wobei Brechbühler auf sein Stück Natur verzichten wollte, wenn Bellmann innert einer Stunde eine befriedigende Alternative aufzeigen konnte. Prompt zeichnete Bellmann auf einem Stück Papier einen zu den Stühlen passenden «Kolonialtisch». Er übernahm für die Tischbeine das Prinzip des zusammenfaltbaren Zeichenhockers mit drei gelenkig verbundenen gedrechselten Beinen, welche eine runde Tischplatte aufspiessen. Die Idee gefiel Hans Brechbühler so sehr, dass er von dem Tisch gleich zwei bauen liess, je einen für Bellmann und Brechbühler. Derjenige von Hans Bellmann ist noch heute im Besitz der Witwe Bellmann (Foto rechts).

Auch das neue Holzhaus des Schreiners Ommerli am Könitzbergwald – ein hölzerner Pavillon, der als Prototyp für ein vorfabrizierbares Holzbausystem gedacht war – wurde damit ausgestattet. Nach dem Krieg nahm das Möbelhaus Wohnbedarf 1946 den Kolonialtisch in sein Programm auf. Als Modell 1015 wurde der Tisch mit einer Platte in Ahorn oder Eiche und Füssen in gebeizter Buche verkauft.

Der zehn Jahre später folgende Entwurf von Jürg Bally mit dem Namen S.T.-Tisch war sicher von dem dreibeinigen Kolonialtisch inspiriert worden, der in der Zwischenzeit allgemein bekannt war. Beim Modell von Jürg Bally liess sich die Platte stufenweise in der Höhe verstellen, sodass der Tisch sowohl als Ess- wie auch als Teetisch benutzt werden konnte.

Joan Billing, Designerin, betreibt Forschung, Beratung und publiziert zu Design zusammen mit **Samuel Eberli,** Architekt in Baden. Sie initiierten 2007 Design+Design, kuratieren die jährliche Ausstellung der Serie «Protagonisten der Schweizer Wohnkultur» und geben die dazugehörende Publikation heraus.

Bildnachweis

S. 29-31, Archiv Designunddesign, Baden, © Michael Lio.
S. 32/33, Museum für Gestaltung, Designsammlung, ZHdK, © ZHdK.
S. 33, Richard Paul Lohse-Stiftung Zürich, © 2015, ProLitteris, Zürich.

Vorherige Seite Der Kolonialtisch hat eine Höhe von 64 cm, der Tischblattdurchmesser beträgt 85 cm. **Oben** Eine Y-Kreuzachse mit Schnellspann-Rändelmuttern auf konkav aufliegenden Unterlagscheiben verbindet die drei gedrechselten, spindelförmigen Beine. **Unten** Die Beine werden ohne Verbindung lediglich durch die schräg in die Platte gebohrten Löcher gesteckt.

Kolonialtisch zerlegt in Platte und Untergestell. Produktion Wohnbedarf ab 1946. Platte in Ahorn oder Esche, Füsse in Buche gebeizt. Erster Prototyp von Hans Bellmann, Leihgabe Rosmarie Bellmann.

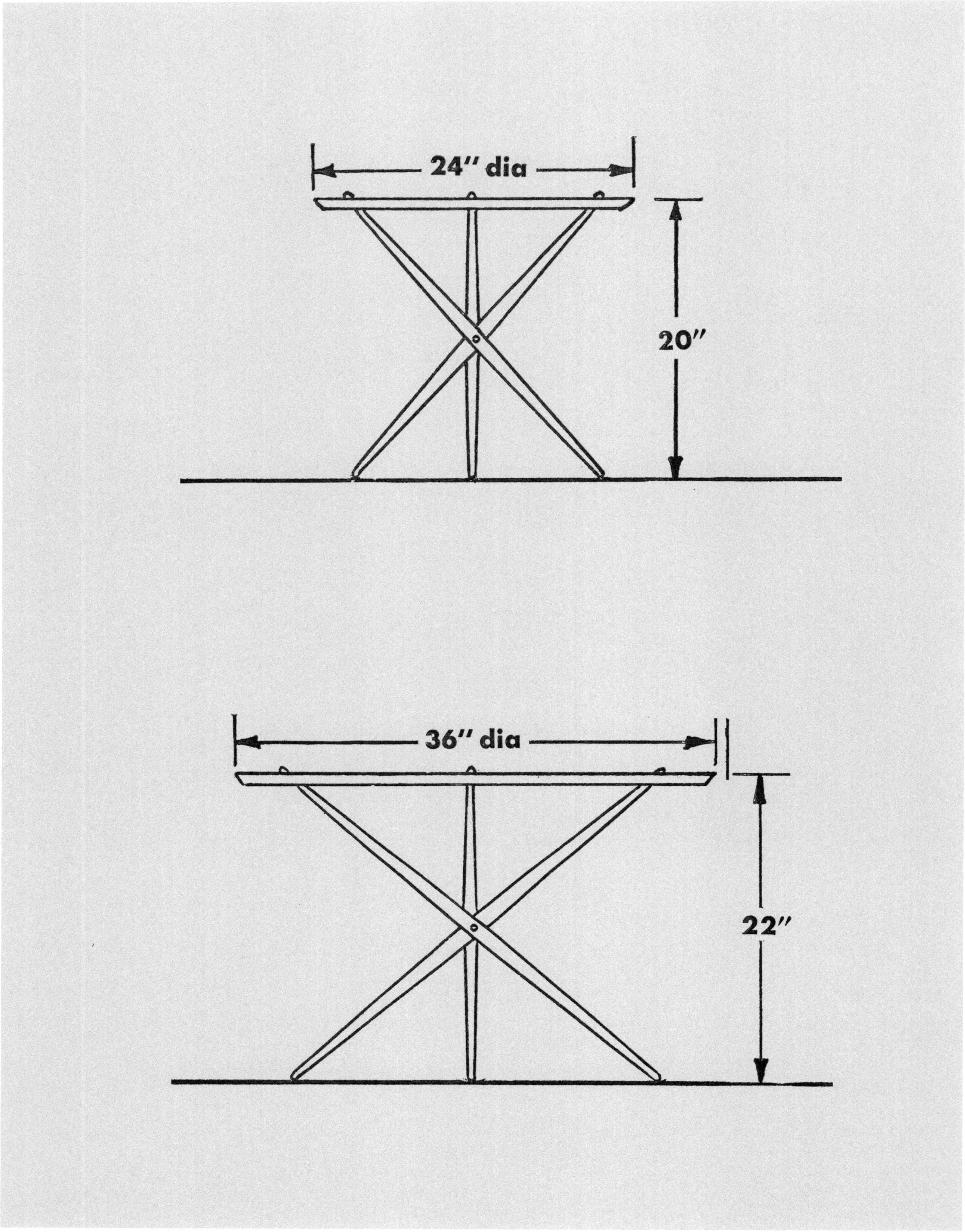

Vermasste Zeichnung des in zwei Formaten erhältlichen Tisches (Mod. 103, Small Tripod Table, und Mod. 114, Large Tripod Table) im Katalog Knoll, Index Contemporary Design.

Oben Passend zu den Kolonialstühlen (anonymer Entwurf) gesellt sich der Kolonialtisch zum Ensemble. Foto Peter Trüb. **Unten links** Inserat aus einer zwölfteiligen Blattserie für den Wohnbedarf, 1952. Gestaltung Richard Paul Lohse, Foto Peter Trüb. Richard Paul Lohse-Stiftung Zürich, © 2015, ProLitteris, Zürich. **Unten rechts** Zerlegt und für den Umzug bereit liegen neben der Tischplatte das Bündel der Spindelbeine und die beiden Pakete für die Kolonialstühle. Foto Peter Trüb.

SPANNSTÜTZEN-SEKRETÄR

Einem Baukasten gleich kann das Spannstützenregal mit Ablagen, Regalböden, Behältern, Kisten und Funktionen aufgebaut werden. Als besonderes Element sticht die Nutzung eines Sekretärkastens hervor. Eine herabklappbare Schreiblade kragt weit in den Raum aus.

Fotos: Michael Lio / Art Direction: Joan Billing & Samuel Eberli

Ein Metalldorn gleitet in einer eigens angefertigten Führungsschiene mit C-förmigem Profil. Im aufgeklappten Zustand hält ein Nocken am Anschlag der Schiene das Gewicht der Schreibplatte.
Fotos Michael Lio, Archiv Designunddesign, Baden, © Michael Lio.

Oben links Zwei gegeneinander verschiebbare Ahornholme verspannen sich von der Decke zum Boden. Drahtbügel fixieren die Position der Holme und dienen gleichzeitig als Tablarträger. Zugstangen von Holmpaar zu Holmpaar halten die Konstruktion versteckt zusammen. **Oben rechts** Stehende Ablagefächer für Papier und Schreibzeug sind fix im Kastenboden angeordnet. **Unten links** Der geschlossene Sekretärkasten. **Unten rechts** Die mit einem Schlüssel zu öffnende Schreiblade wird mit einem Holm in der horizontalen Position fixiert. Ein Scharnier am oberen und ein Führungsnocken am unteren Ende funktionieren als Gelenke.

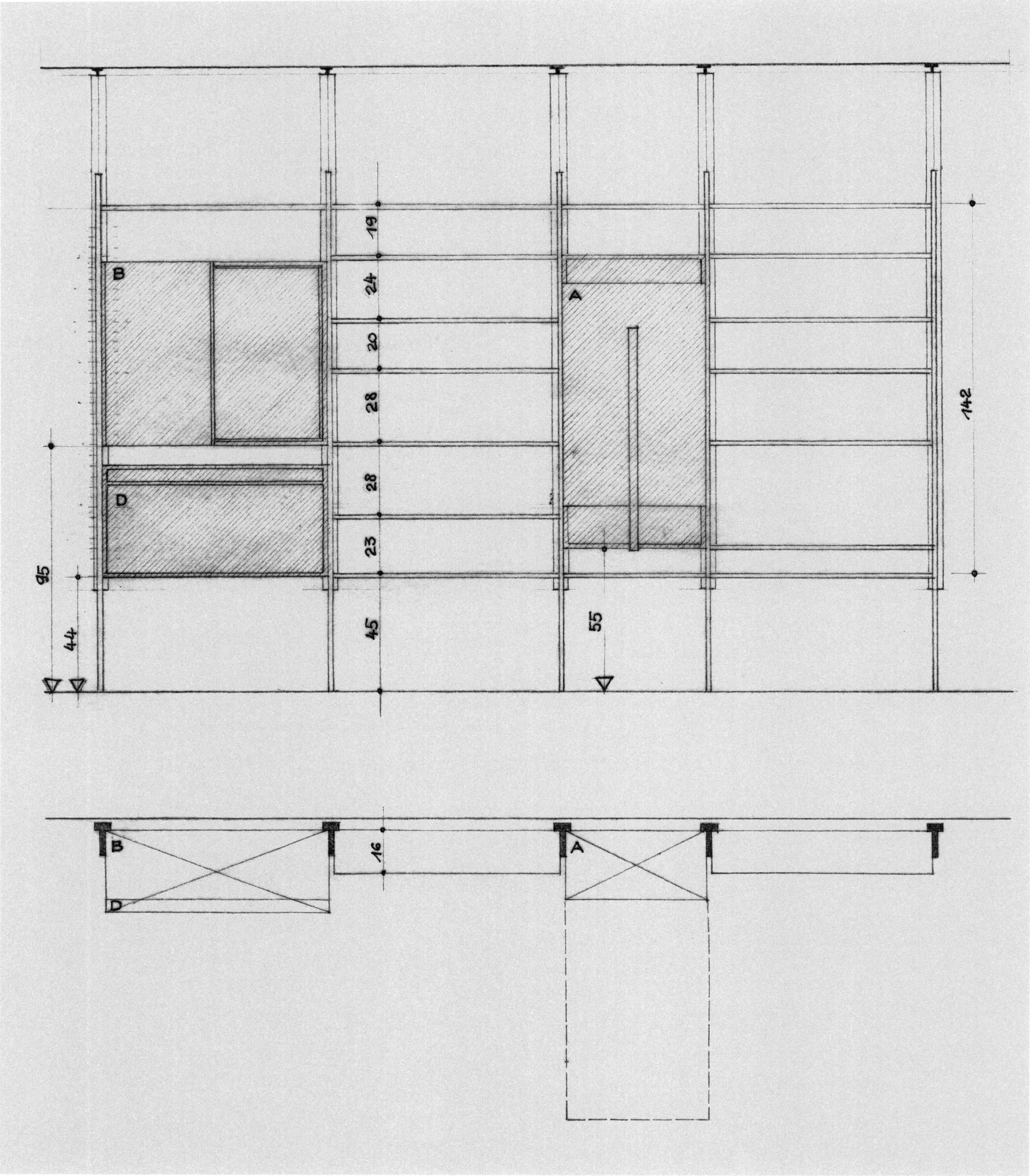

Bleistiftzeichnung von Hans Bellmann zu einer Wandkombination mit genauen Vorgaben zu den Einbauhöhen der Kästen und Regalböden. Museum für Gestaltung, Designsammlung, ZHdK, © ZHdK.

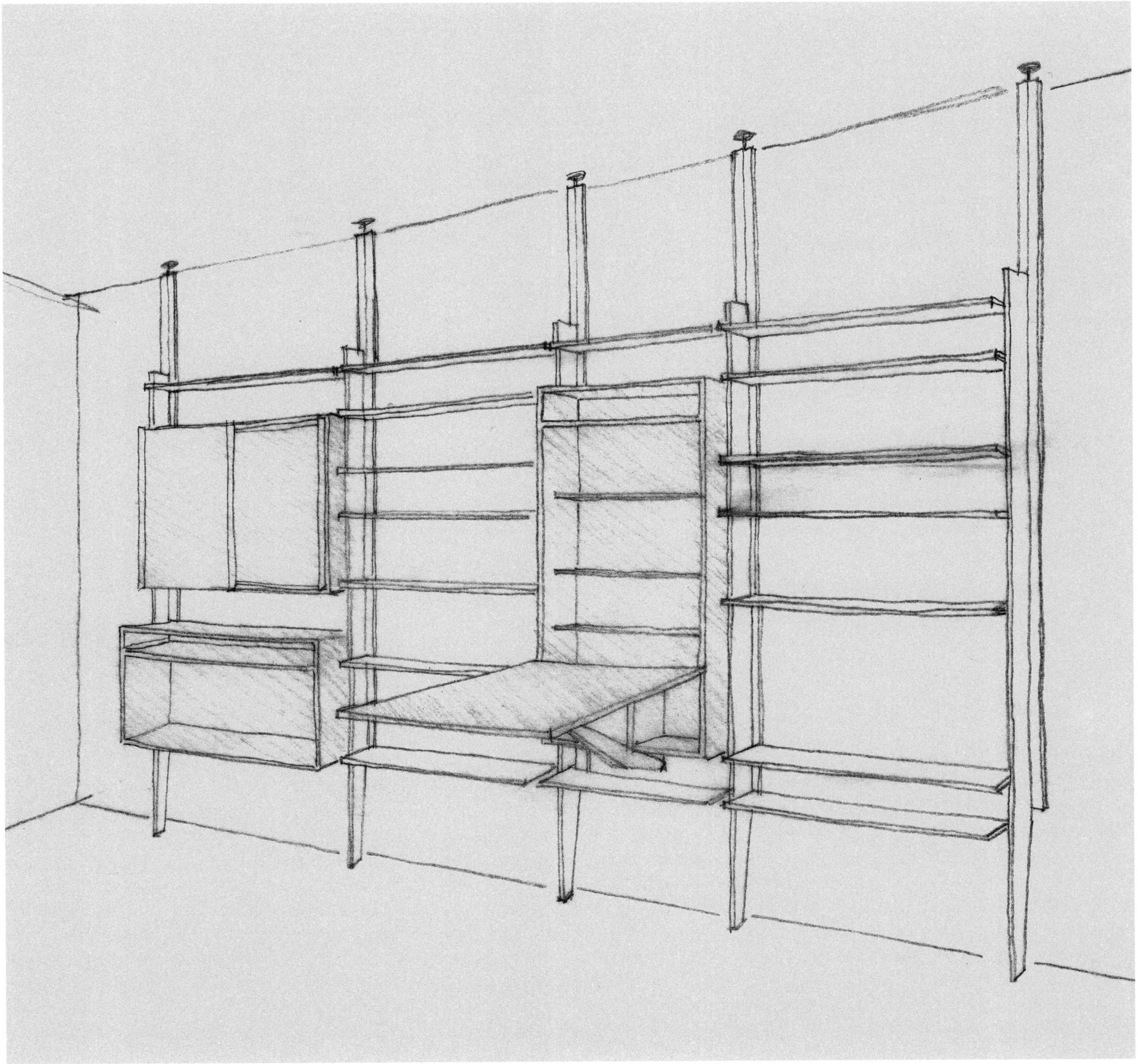

Bleistiftzeichnung von Hans Bellmann zu einer Kombination als Wandregal mit Sekretär. Die rückwärtigen Holme sind wie für die spätere Produktion bei Domus abgedreht. Museum für Gestaltung, Designsammlung, ZHdK, © ZHdK.

SPANNSTÜTZEN-REGAL 1946

Von der Wand gelöst und mit frei kombinierbaren Elementen versehen, eröffnet das zwischen Boden und Decke eingespannte Stützenregal neue Möglichkeiten und wird zu einem neuen Möbeltypus der Wohnkultur

Text: Joan Billing & Samuel Eberli

Das bekannteste Stück der ersten Möbellinie, die Hans Bellmann 1946 vorwiegend aus Holz für die Firma Wohnbedarf schuf, ist zweifelsohne das Spannstützengestell. Dieser Entwurf widerspiegelt seine Haltung zur Möblierung eines gebauten Raums. Darin figuriert das Gestell als standsicherer Raumteiler. Damit der Raum dabei seine Grosszügigkeit behalten kann, muss das Gestell mit Durchsichten versehen sein.

Die Grundidee des Spannstützenregals wurde publikumswirksam erstmals 1951 in der von Hans Bellmann gestalteten Ausstellung «Kunst und Wohnkultur» für die Ortsgruppe Luzern des Schweizerischen Werkbundes präsentiert, als er den Oberlichtsaal des Kunsthauses Luzern einrichtete. Für die Ausstellungsinstallation im Kunsthaus Luzern verwendete und integrierte er verschiedene Möbel vom Wohnbedarf Zürich/Basel. Sein Spannstützengestell diente dabei als Raumteiler, um den Schlafbereich mit Lättlicouch – ebenso einer seiner Entwürfe –, dem Fauteuil von Eero Saarinen und dem Dreibeinstuhl von Max Bill vom Wohnbereich mit dem Dreirundtisch von Max Bill und den Fauteuils von Pierre Jeanneret zu trennen.

Hier kann das Spannstützenregal seine Qualität voll ausspielen, es ist perfekt geeignet für die grosszügige Repräsentation und wird zum Symbol der modernen Lebensweise: eine hervorragende und prägende Idee für die Schweizer Designgeschichte. Das Regal dient aber auch in kleinräumigen Wohnungen als raffinierter Wohnbereichtrenner. Fast exemplarisch verwendete Hans Bellmann 1950 das Regal sowohl im 10 Quadratmeter kleinen Kinderzimmer wie auch im 40 Quadratmeter grossen Wohnbereich des Hauses der Familie Oberholzer.

Für die Umsetzung seines Spannstützenregals setzte Bellmann zwei gegeneinander verschiebbare Ahornholme ein, die mit Hilfe von Drahtbügeln fixiert werden. Auf die Drahtbügel können dann wiederum die Tablare geschoben werden. Versteckt angeordnete dünne Zugstangen halten die Konstruktion zusammen. Die Träger bilden somit leichte Stelen, wodurch das Regal gewissermassen im Raum zu schweben scheint. Bellmann traf mit seinem visionären Entwurf den Nerv der Nachkriegszeit, der dem Bedürfnis nach mehr Leichtigkeit und Mobilität entsprach. Das Spannstützengestell konnte nicht nur an unterschiedliche Raumhöhen angepasst werden, sondern es wurde auch die Zahl der für die Verstellbarkeit notwendigen Teile auf ein Minimum beschränkt. Zudem integrierte Bellmann in seinem Entwurf diverse frei kombinierbare Tisch- und Kastenelemente. So kann dieses vermutlich erste zwischen Boden und Decke frei fixierbare Gestell auch als eine der ersten Wohnwände gelten. Ein weiterer Vorteil seiner Konstruktion war die rasche Demontage. Die Montage hingegen bereitete deutlich mehr Schwierigkeiten, als die einfache Konstruktion versprach. Die elegante Erscheinung des Gestells mag darauf hinweisen, dass vor allem das exemplarische Sichtbarmachen einer Idee im Vordergrund stand und dass die reellen Einsparungen in fabrikatorischer oder finanzieller Hinsicht und die praktische Handhabung dem Gesamtbild untergeordnet waren.

1954 erstellte Hans Bellmann für das deutsche Möbelhaus Domus eine modifizierte Version des Spannstützenregals mit um 90 Grad gedrehten hinteren Holmen, was zu mehr Stabilität führte. Es behielt dabei weiterhin die Charakteristiken eines leichten und durchschaubaren Gestells mit Schrank, Tisch und verschiedenen Ablagen. Die Handhabung vor allem des Aufbaus wurde verbessert und erleichtert, auch weil das Gestell nicht mehr bis zur Decke reichen musste.

Joan Billing, Designerin, betreibt Forschung, Beratung und publiziert zu Design zusammen mit **Samuel Eberli,** Architekt in Baden. Sie initiierten 2007 Design+Design, kuratieren die jährliche Ausstellung der Serie «Protagonisten der Schweizer Wohnkultur» und geben die dazugehörende Publikation heraus.

Bildnachweis

S. 41, Archiv Arthur Rüegg, © Stiftung Moritzburg, Halle/Saale.

S. 42-44, Museum im Bellpark, Kriens, Stiftung Otto Pfeifer.

S. 45-47, Museum für Gestaltung Zürich, FX. Jaggy & U. Romito, © ZHdK.

Schweizer Version des Spannstützenregals. Eingespannt zwischen
Boden und Decke kann es auch als Raumtrenner eingesetzt werden.
Foto Hans Finsler.

Oben und rechte Seite oben Das von Hans Bellmann 1946 entworfene und vom Wohnbedarf produzierte Büchergestell, publiziert im Schweizer Warenkatalog von 1954. Foto Otto Pfeifer, SWB.

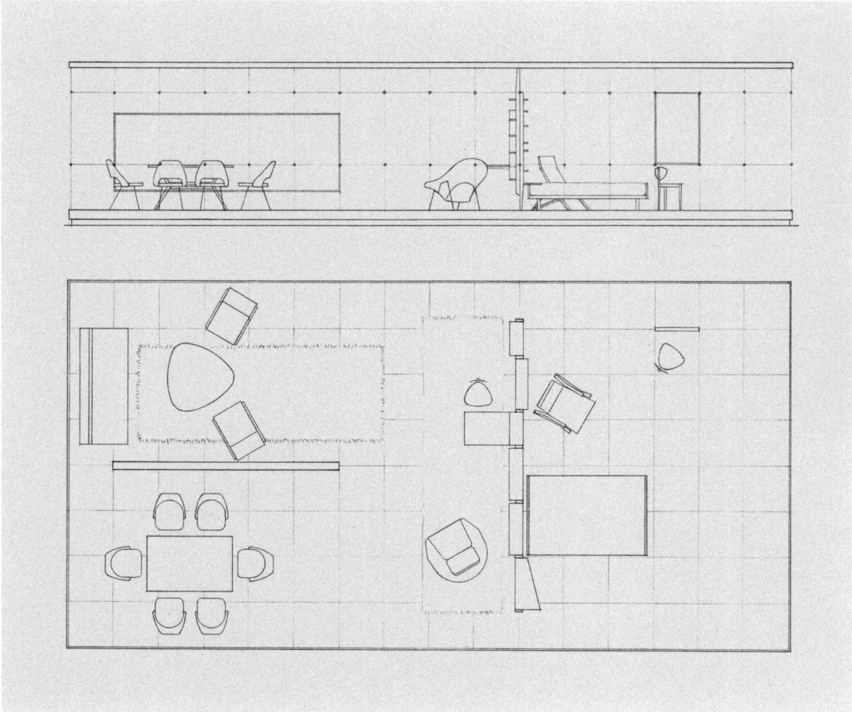

Unten rechts Die von Hans Bellmann gestaltete Ausstellung «Kunst und Wohnkultur» im Kunstmuseum Luzern, 1951/52. Fotos Otto Pfeifer, SWB. **Unten links** Bleistiftzeichnungen auf Papier von Hans Bellmann, Grundriss und Ansicht der Ausstellungsinstallation. Den Oberlichtsaal richtet Bellmann mit Wohnbedarf-Möbeln ein und erreicht damit eine Synthese zeitgemässer Wohnkultur.
Foto Otto Pfeifer, SWB.

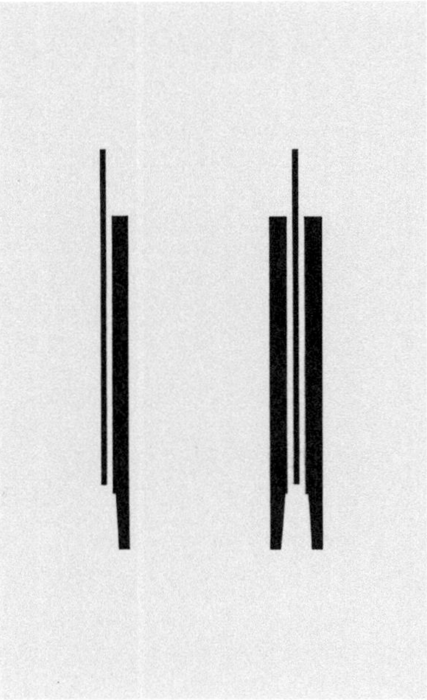

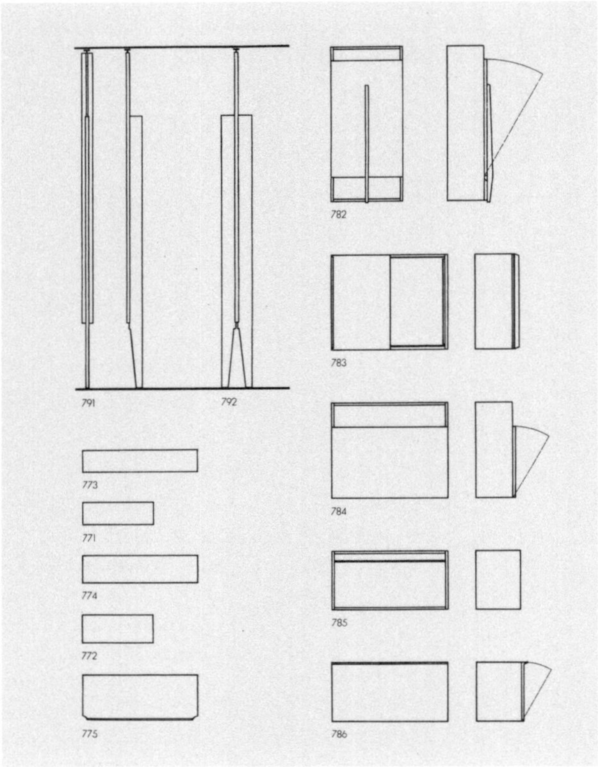

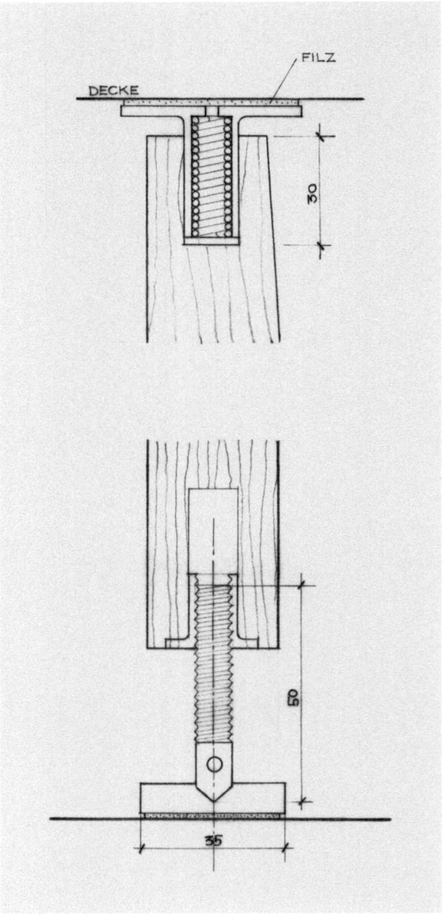

Oben Die von Hans Bellmann gestaltete Ausstellung «Kunst und Wohnkultur» im Kunstmuseum Luzern, 1951/52. Foto Otto Pfeifer, SWB. **Unten links** Abstrakte Prägestanz-Zeichnung des Spannstützenregals in der Version für die Firma Domus. Diese deutsche Version mit Entwurfsdatum 1954 hat einen oberen Holm in T-Form. Dies verhindert das Verziehen der Holme im Vergleich zur Schweizer Version. **Unten Mitte und rechts** Detailschnitt durch Stützenkopf und -fuss. Oben drückt eine Feder gegen die Decke, unten kann die Höhe mit einer Gewindestange eingestellt werden.

Stützen und Tablare in Ahorn massiv, gebleicht und lackiert.
Die Holmpaare sind zur Einstellung auf Raumhöhe gegeneinander verschiebbar. Mit Drahtbügeln (Ringersbügel), die gleichzeitig als Tablarträger dienen, werden sie fixiert. Tablargrösse 85 x 23 cm.
Foto Franz Xaver Jaggy, Umberto Romito.

Linke Seite Der Fuss ist profiliert und verjüngt sich gegen unten. **Rechte Seite** Die Tablare werden direkt auf die fixierenden Ringersbügel geschoben. Zugstangen halten die Holmenpaare horizontal zusammen. Direkt unter den Tablaren angebracht sind sie fast nicht sichtbar. Fotos Franz Xaver Jaggy, Umberto Romito.

LEHNGESTELL 1954

Die Weiterentwicklung des Spannstützenregals kommt als Lehngestell für das deutsche Einrichtungshaus Domus auf den Markt. Zwei Lehngestelle gegeneinander montiert können frei im Raum stehen.

Text: Joan Billing & Samuel Eberli

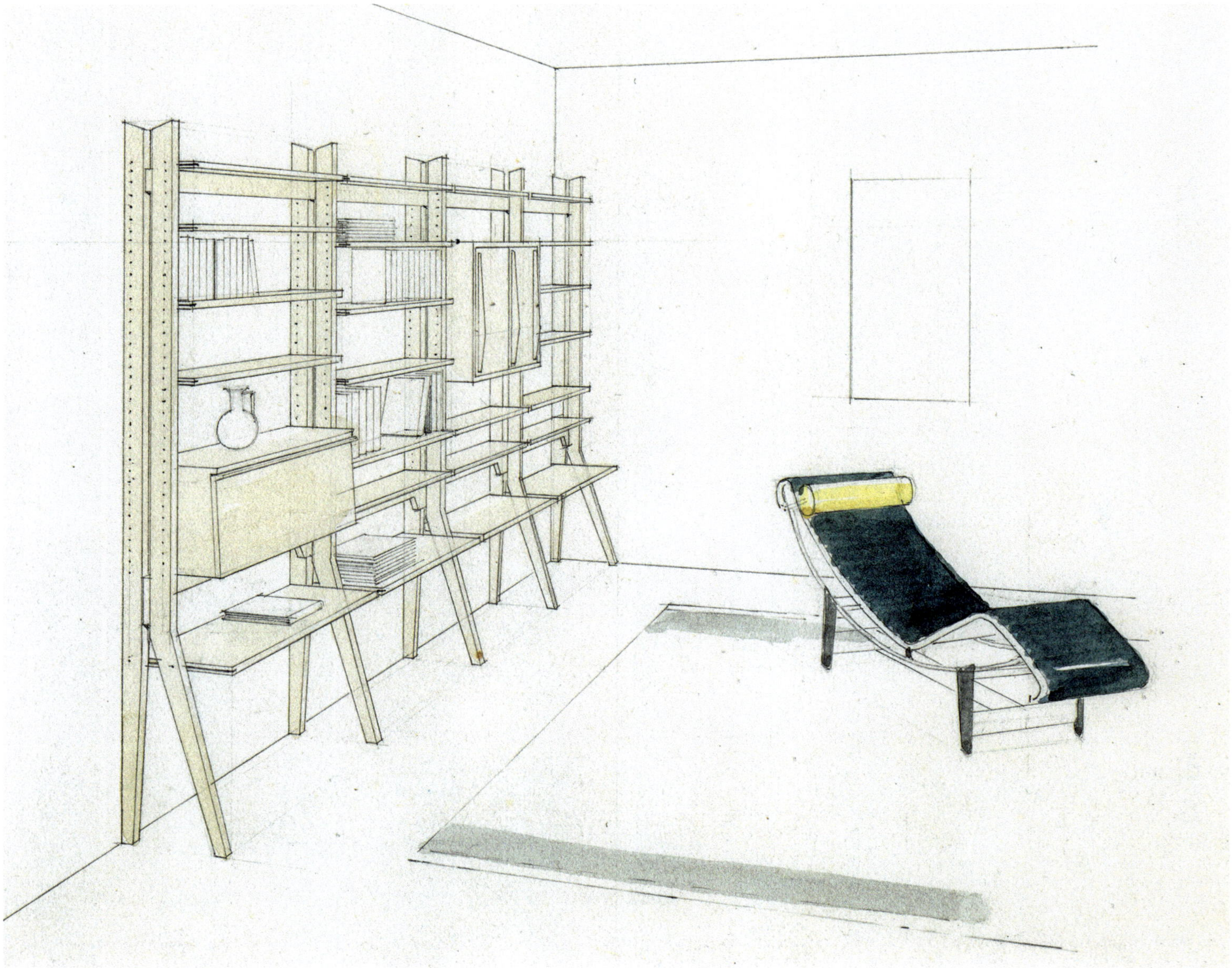

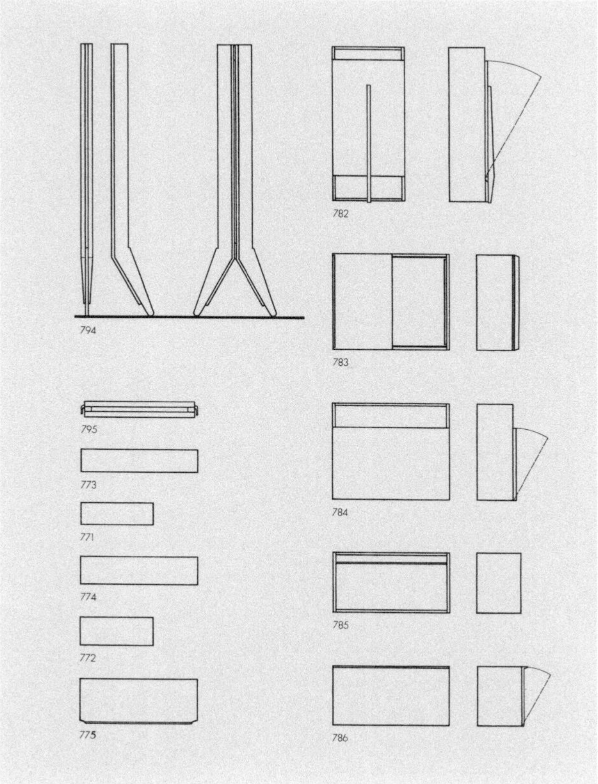

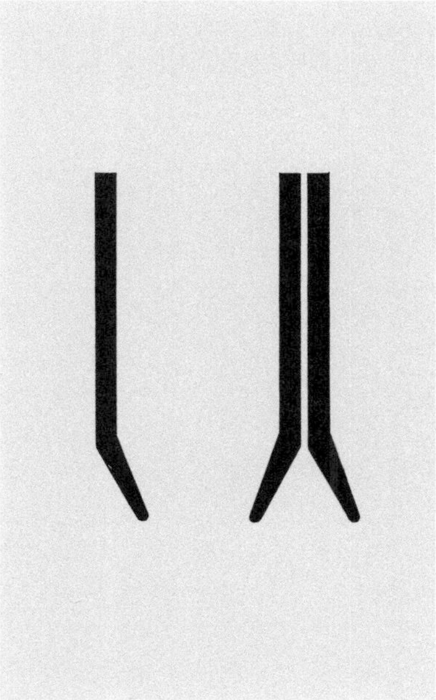

Linke Seite Kolorierte Bleistiftzeichnung von Hans Bellmann **Oben** Ohne weitere Montagehilfsmittel kann das Gestell direkt an die Wand gelehnt werden. Fotograf unbekannt. **Unten rechts** Abstrakte Prägestanz-Zeichnung des Lehngestells für die Firma Domus. **Unten links** Mit verschiedenen Elementen wie Tablaren, Kästen und Tischelementen kann die Wand frei gestaltet werden. Mit den eingeplanten Präsentationsmöglichkeiten kann das Gestell, wie auch das Spannstützenregal, als Vorläufer der späteren Wohnwand angesehen werden. Bildnachweis Doppelseite: Museum für Gestaltung, Designsammlung, ZHdK, © ZHdK.

ARCHITEKTUR ZUM WOHNEN

Im 1950 in Zürich-Höngg erbauten Einfamilienhaus Oberholzer verband Hans Bellmann auf vorbildliche Art und Weise Architektur und Inneneinrichtung. In der Gestaltung der Räume und der Ausstattung mit Möbeln erreichte er einen hohen Grad an Wohnlichkeit.

Text: Michael Hanak / Fotos: Erika Trautvetter-Gericke

Es war eine Zeit des Aufbruchs, als sich der ausgebildete Architekt Hans Bellmann im Jahr 1946 in Zürich selbstständig machte. Der Zweite Weltkrieg war vorüber, die Grenzen öffneten sich wieder und die Bevölkerung hegte Hoffnungen. Bauaufträge waren jedoch rar. Für Hans Bellmann schienen die beruflichen Voraussetzungen denkbar gut. Er hatte am Bauhaus in Dessau und dann in Berlin studiert und sein Diplom an der Bauabteilung 1933 – kurz vor der Schliessung unter dem Druck der Nationalsozialisten – abgelegt.

Nach einer Anstellung bei Ludwig Mies van der Rohe in Berlin folgte eine Zusammenarbeit mit der Firma Wohnbedarf AG in Zürich, für die er Möbel entwarf, und die Mitarbeit in verschiedenen Architekturbüros in der Schweiz. Nun, in seinem 35. Lebensjahr, machte er sich selbstständig und wirkte fortan als Architekt und Produktegestalter.

Eines von Bellmanns ersten Neubauprojekten war das Wohnhaus für den Lehrer Werner Oberholzer, seine Frau und ihre vier Kinder. Das Grundstück im Zürcher Quartier Höngg war klein und lag am Hang, zurückversetzt in einer dritten Häuserreihe zwischen Ackerstein- und Bäulistrasse. Das Budget war gering und die Mittel sollten sparsam eingesetzt werden.

Zuvor, im Sommer 1949, hatte sich der junge Lehrer Mitte Dreissig an einen anderen Architekten gewandt, Albert Notter. Doch aus dessen Vorschlägen wurde nichts. Vielmehr fand Werner Oberholzer Gefallen am Ferienhaus eines Studienkollegen am Hallwilersee und wandte sich an dessen Architekten, Hans Bellmann. Zunächst legte dieser eine erste Ideenskizze vor: ein schlichtes, zweigeschossiges Haus mit Bandfenstern und gegeneinander versetzten Geschossen und Pultdächern – ein Entwurf, den er ursprünglich für einen anderen Auftraggeber gezeichnet hatte. Dann, im November gleichen Jahres, folgten weitere Entwurfsvarianten, um Typ und Stil des Hauses festzulegen: nun mit Lochfassaden und flach geneigtem Satteldach, in einer Variante mit einem etwas grösseren Baukörper und zusätzlich einer durchgehenden Laube im Obergeschoss. Der Bauherr entschied sich für den reduzierten Raumumfang und lediglich für eine seitliche Pergola.

Die Baueingabe für das «Einfamilienhaus zu 5 Zimmern mit gedecktem Sitzplatz und Velounterstand» erfolgte am 13. Januar 1950. Bereits am 17. des folgenden Monats wurde sie genehmigt. Das Bauprojekt, dessen Pläne vom Dezember 1949 datieren, bestand aus einem zweigeschossigen Haus, das so in das abschüssige Terrain eingebettet ist, dass das untere Niveau hangseitig nur mit hochliegenden Fenstern belichtet wird und der Hauseingang im oberen Stockwerk liegt. Das niedrige Satteldach verläuft parallel zum Hang. An der einen Stirnseite ist ein Sitzplatz mit Pergola, auf der anderen ein Unterstand unter anderem für die Velos angeordnet. Talseitig öffnen sich eine Tür sowie ein Panoramafenster zum Garten hin.

Der Grundriss über einer rechteckigen Grundfläche von 7,00 mal 11,30 Meter teilt sich in zwei Raumschichten: hangseitig die schmalere mit der Erschliessung sowie Küche und Badzimmer, talseitig die Haupträume. Im oberen Geschoss gelangt man vom Windfang in den mit Wandschränken ausgestatteten Korridor, an dessen Ende das Badezimmer liegt. Drei leicht verschieden breite Schlafräume reihen sich nebeneinander, zwischen dem Elternzimmer und den Kinderzimmern führt eine Treppe nach unten. Diese Treppe trennt im unteren Geschoss den Wohn- und Essraum vom Arbeitsbereich optisch ab. Über das Office gelangt man auf der einen Seite in die Küche und auf der anderen in den Heizungsraum und den Vorratskeller. Ein Kellergeschoss gibt es nicht.

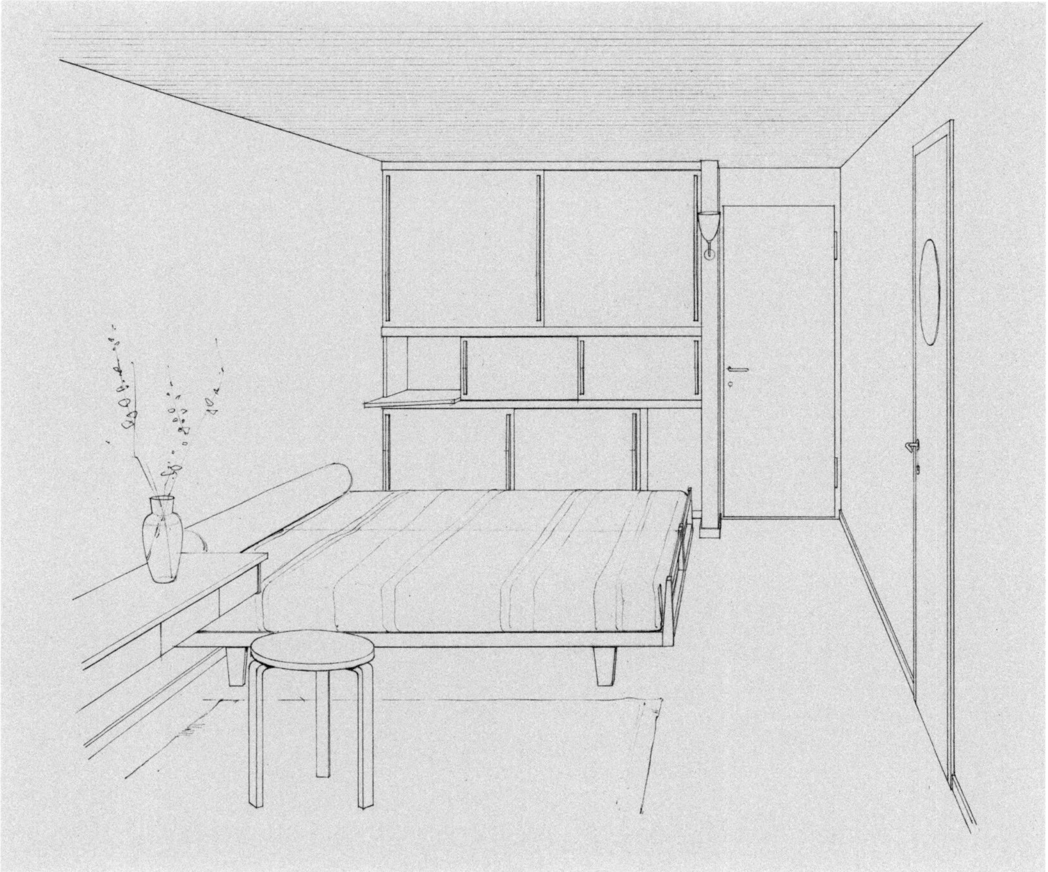

Oben Perspektive des Wohn-/Essraums mit der Treppe und dem dahinter liegenden Arbeitsbereich. **Unten** Perspektive des Elternschlafzimmers mit rechts dem Wandschrank und der Türe mit dem Rundspiegel zum Schrankraum über der Treppe.

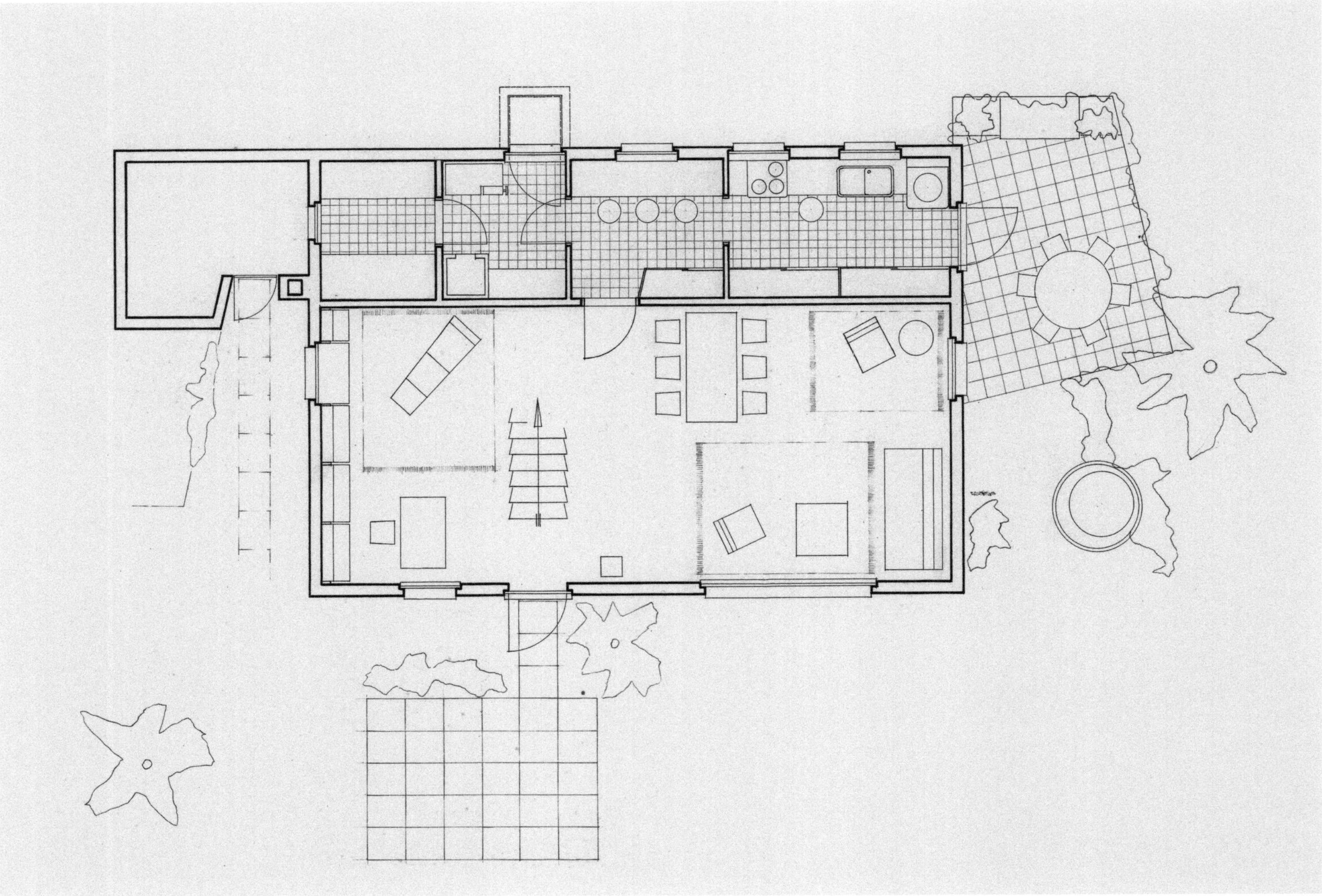

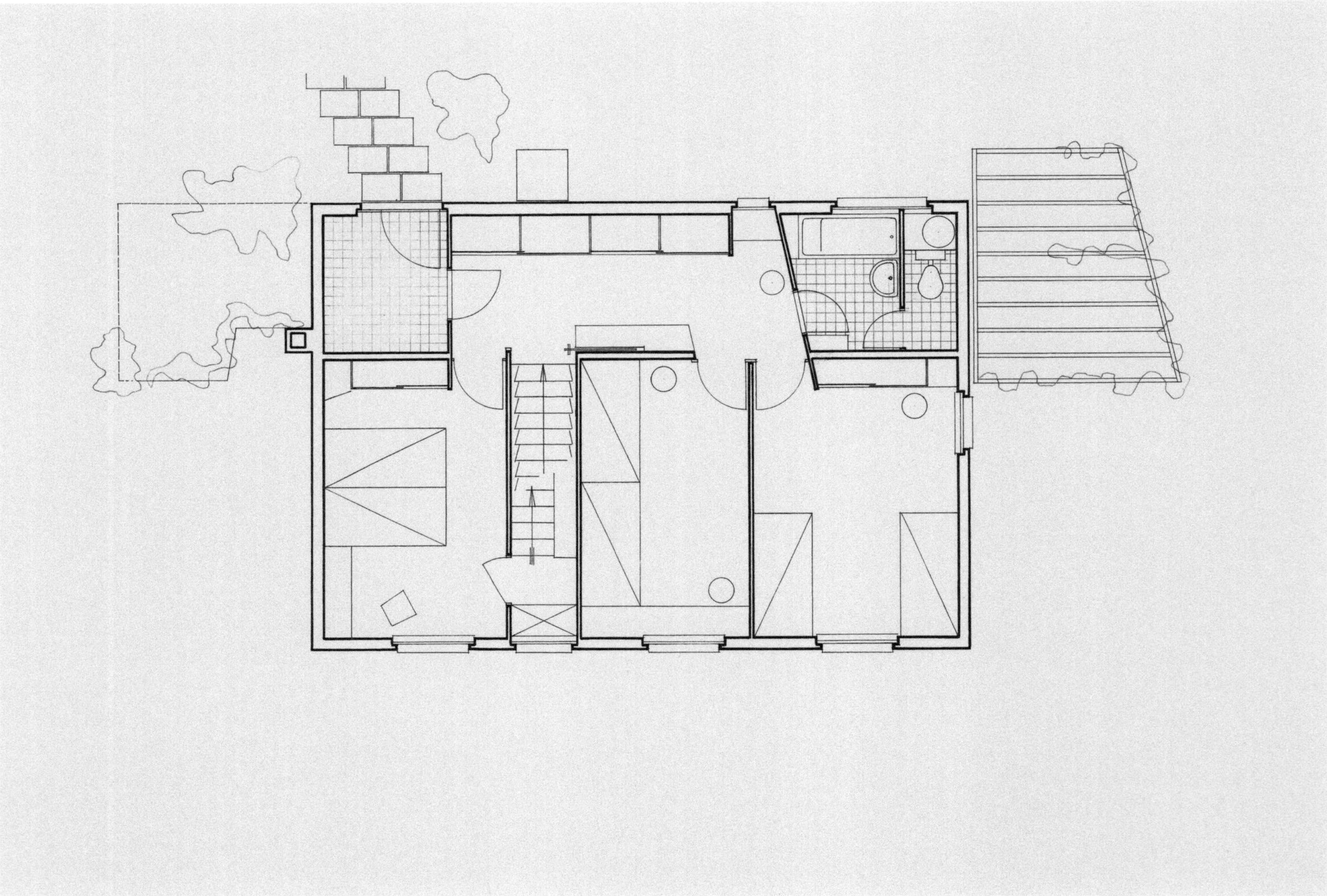

Grundrisse des unteren und des oberen Geschosses.

Im unteren Geschoss gliedert die Treppe den grossen Wohnraum.
Foto Erika Trautvetter-Gericke.

Ausgeführt wurde der Bau innerhalb des Jahres 1950. Gemäss Bauabrechnung fand der Baubeginn am 1. Juni statt und der Bezug am 1. November. Gegenüber den Baueingabeplänen zeigte das ausgeführte Haus, wie üblich, einige geringfügige Änderungen. An den Stirnfassaden wurden die Rechteckfenster mittelsymmetrisch positioniert, an der Südwestfassade der Gartenausgang in die Achse der Treppe verschoben. In der Raumeinteilung änderte sich jedoch nichts Wesentliches.

Im Grundriss lassen sich die eigentlichen Qualitäten des Einfamilienhauses erkennen. Einige Kniffe bezeugen die geschickte Ausnutzung des Raums. Die Wand, die das Bad vom Gang trennt, verläuft schräg, um maximal Platz zu gewinnen. Im Elternschlafzimmer öffnet sich eine Tür in der Wand zum Schrankraum über der Treppe. Daneben wurde unter dem Fenster ein schmaler, konisch zulaufender Schminktisch eingepasst und an der Schranktür ein runder Spiegel angebracht. Dieser erscheint als Echo auf das Bullaugenfenster in der Schiebetür vor der Treppe, die im Übrigen beidseitig der ganzen Höhe nach mit einer hölzernen, nach oben und unten konisch zulaufenden Griffleiste versehen ist – ähnlich wie bei den Schiebeschranktüren. Den Höhepunkt der versierten Innenraumgestaltung bildet freilich die Anordnung und Ausprägung des Treppenlaufs, der die beiden Geschosse verbindet und den grossen Erdgeschossraum gliedert: Die hölzernen Tritte sind trapezförmig zugeschnitten und die Staketen des rot gestrichenen Metallgeländers verlaufen entsprechend der speziellen Trittform teils geknickt.

Weiter fallen die vielen Einbaumöbel auf. Mit eingezeichnet in den Projektplänen sind die Wandschränke mit Schiebetüren im Korridor, im Office und in der Küche sowie im Elternschlafzimmer und im einen Kinderzimmer. Im Korridor wurden zudem vor der Schiebetüre zur Treppe ein halbhoher Schrank mit einem Ablagefach sowie unter dem Fenster ein Schuhschrank mit ein paar Lüftungslöchern in der Front fix eingebaut. Auch die «mobilen» Einrichtungsgegenstände und deren Anordnung waren von Bellmann akribisch mitgeplant. In der Ausführung kamen weitere eigens entworfene Einrichtungsgegenstände hinzu, so der klappbare Wandspiegel am Ende des Gangs, der aus Holzleisten addierte Esstisch und das Buffet im Wohnzimmer.

Zum einen bedeutete das Haus Oberholzer ein Bauen für das Existenzminimum. Das Minimieren der Raummasse und das Austüfteln raumsparender Grundrisslösungen waren in der unmittelbaren Nachkriegszeit oft gestellte Ansprüche. Hans Bellmann hatte sich schon während des Studiums am Bauhaus mit der Grundrisseinteilung von Wohnhäusern auseinandergesetzt und anhand von Ferien- und Gartenhäusern den sparsamen Umgang mit Raum eingeübt. Die einfache Gliederung in Raumschichten hatte er schon in Studentenarbeiten und dann 1956 beim Projekt für das – nicht realisierte – Haus Thiemann systematisch durchgespielt.

Zum anderen erzielte Bellmann eine maximale Wohnlichkeit. Mit eigens entworfenen Einbaumöbeln erreichte er eine hohe Ausnutzung und Nützlichkeit. Und mit den weiteren Möbeln teils nach eigenen, teils nach anderen Entwürfen schuf er eine aufgeschlossene, zeitgemässe Wohnatmosphäre. Das verspielte Raster der «Bücherwand», der gestreifte hölzerne Esstisch, der Couchtisch mit der Drahtglasscheibe, das schlichte Sofa, alles von Hans Bellmann selbst entworfen, und leicht verrückbare Sessel, die bekannten Modelle von Pierre Jeanneret, zeugen von der leichten, formal reduzierten Inneneinrichtung der 1950er-Jahre.

Architektur und Inneneinrichtung bildeten für Hans Bellmann, wie für viele seiner Berufskollegen damals, eine Einheit. Die ab 1947 in Zürich

Linke Seite Im oberen Geschoss bieten die Wandschränke im Gang viel Stauraum. Die Ausführung entspricht der von Hans Bellmann gezeichneten Perspektive. **Oben** Perspektive des Kinderzimmers.

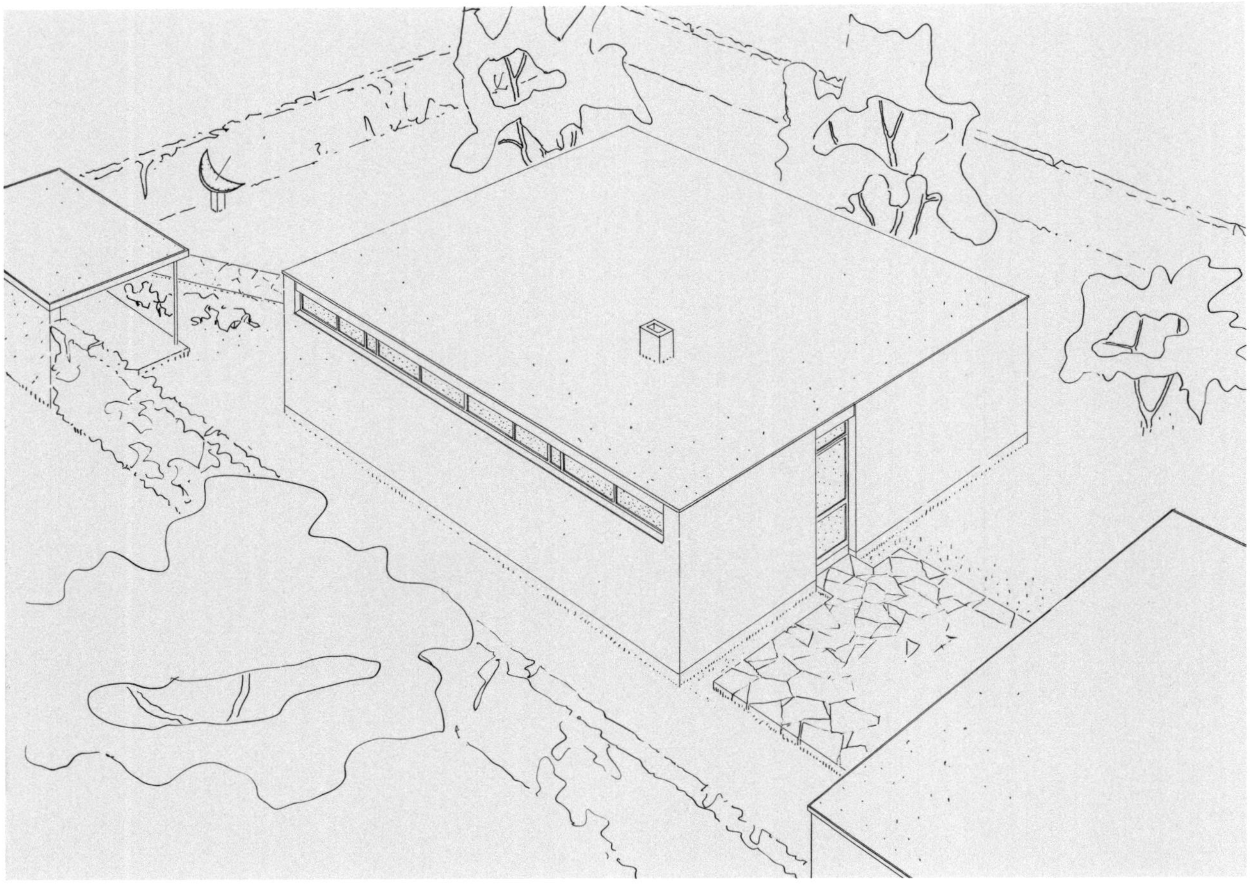

Perspektive des Projekts Thiemann.

herausgegebene Zeitschrift «Bauen + Wohnen», die fortschrittlichen Hausbau und individuellen Wohnraum erklärtermassen verknüpfte, mag die Relevanz dieser Symbiose belegen. Mancher Architekt entwarf um 1950 herum Einrichtungsgegenstände. Das Bauhaus, an dem sich auch Bellmann ausgebildet hatte, war auf Interdisziplinarität ausgelegt. Einen wichtigen Beitrag zur Verbindung der gestalterischen Disziplinen und letztlich von zeitgemässem Leben und anspruchsvoller Gestaltung förderte auch der Werkbund. Bellmann war 1947 dem Schweizerischen Werkbund (SWB) beigetreten. Dieser präsentierte 1949 anlässlich der Mustermesse in Basel eine Fotoausstellung, in der formschöne Gebrauchsgegenstände propagiert wurden, unter dem Titel «Die gute Form». Unter der gleichen Bezeichnung wurden ab 1952 jährlich anlässlich der Mustermesse ausgestellte, gut gestaltete Produkte aus den Bereichen Wohnen, Haushalt und Büro ausgezeichnet. Parallel dazu gab der SWB 1949 erstmals den «Schweizer Warenkatalog» heraus, als Vademekum für den stilbewussten Einkauf. Gleich zu Beginn der nächsten Ausgabe von 1954 wurde Bellmanns Spannstützengestell angepriesen, das er im Haus Oberholzer offensichtlich lanciert hatte.

Für die von der Ortsgruppe Luzern des SWB vom 4. November 1951 bis 6. Januar 1952 im Kunstmuseum Luzern gezeigte Ausstellung «Kunst und Wohnkultur», die diese Bereiche im Sinne eines modernen Lebensgefühls miteinander vereinigte, übernahm Hans Bellmann die Gestaltung. Hier zeigte er seine Idealvorstellung zeitgenössischer Wohnkultur, die er im Jahr zuvor im Haus Oberholzer in der Praxis ausgelotet hatte.

Hans Bellmann verstand sich sein Leben lang in erster Linie als Architekt, der auch Möbel und Produkte entwarf. Sein Berufsverständnis kommt in seinen Signaturen zum Ausdruck: Sein Firmenstempel lautete «Hans Bellmann Architekt», auf den Plänen steht meist «Hans Bellmann SWB Architekt» und auf den Möbelprospekten «Hans Bellmann SWB design» – das letzte Wort notabene, dem Englischen entliehen, kleingeschrieben. SWB steht wohl als Bekenntnis zu einer lebensumfassenden Bau- und Wohnkultur.

PS: Die Wohneinrichtung respektive das Interior Design wirken sich auf die Bewohner aus! Der 1950, im Jahr des Hausbaus, geborene Sohn der Familie Oberholzer wurde Architekt. Die Persönlichkeit Bellmanns und seine Arbeiten hatten ihn tief beeindruckt. Bellmann projektierte für die Familie Oberholzer nämlich 1954/55 auch die Garage und 1967/68 das Ferienhaus in Tengia, oberhalb von Faido. Nach dem Tod des Vaters zog Christian Oberholzer mit seiner Frau in das Haus an der Ackersteinstrasse 133a ein und baute es 2007/08 um. Aussen erhielt es ein neues Gesicht, innen blieben die wesentlichen Charakterzüge und Ausstattungsmerkmale erhalten.

Michael Hanak

(*1968) ist Kunst- und Architekturhistoriker. Er studierte Kunstgeschichte, Filmwissenschaften und Publizistik an der Universität Zürich und ist seither freiberuflich als Architekturvermittler tätig: als Publizist, Redaktor, Dozent, Ausstellungsmacher und Denkmalpfleger. Er lebt und arbeitet in Zürich.

Bildnachweis

S. 51-57, Museum für Gestaltung, Designsammlung, ZHdK, © ZHdK.

S. 51, Archiv Christian und Mechthild Oberholzer, Zürich.

Projekt Haus Thiemann mit Varianten der Raumeinteilung und -gliederung. Je nach Anzahl und Konstellation der Bewohner und ihrer Gäste können die Räume anders bespielt werden.

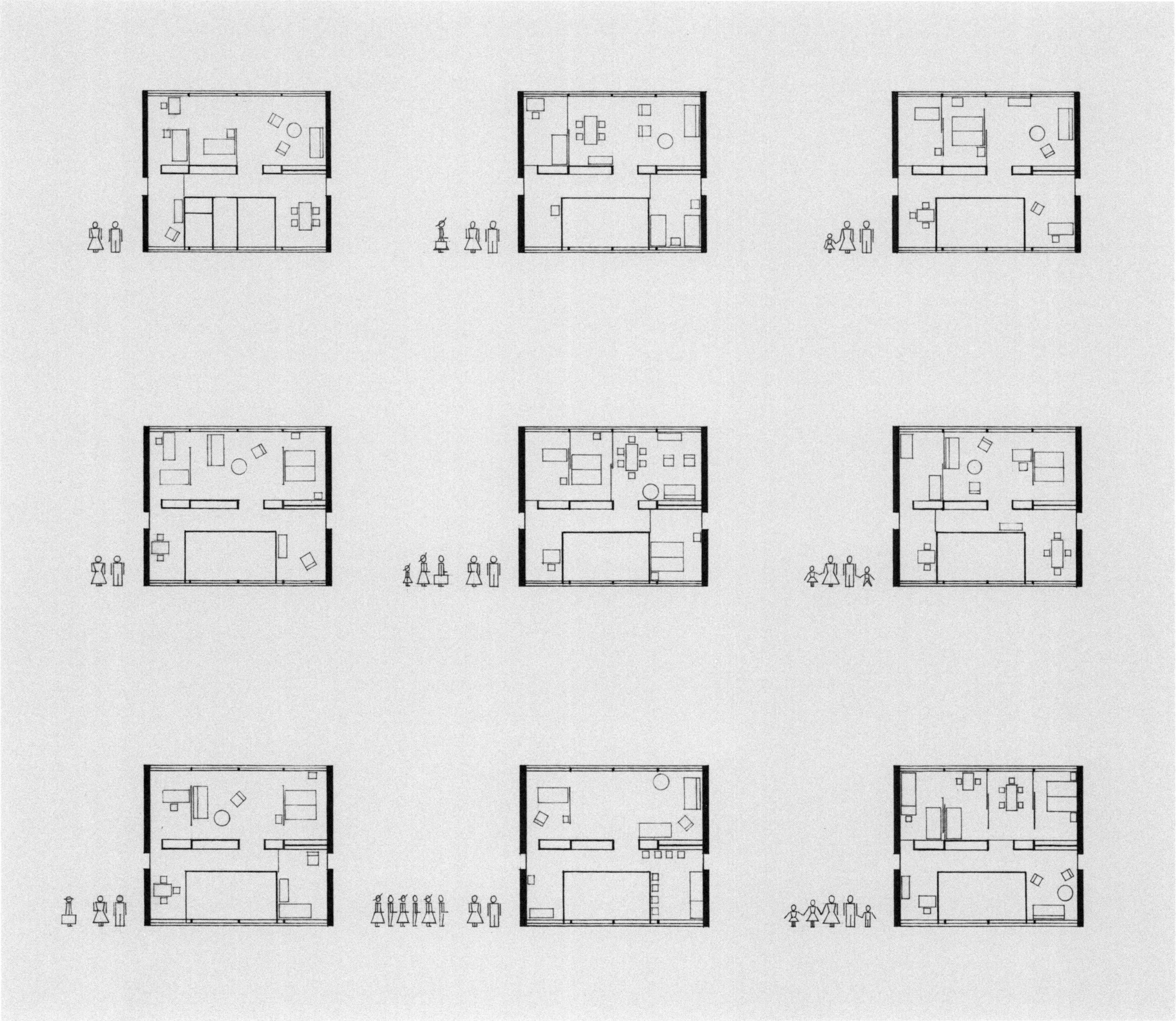

SIDEBOARD

Ein schnell demontierbares Sideboard für den modernen Nomaden. Die beschwerende Steinplatte sorgt für ausreichend Bodenhaftung.

Fotos: Michael Lio / Art Direction: Joan Billing & Samuel Eberli

Oben Die seitlichen Kästen werden an Bettladenbeschlägen eingehängt und auf den unten durchgeführten Massivholzträger aufgelagert. **Unten** Die Schiebetürblätter sind aus gestrichenem Pavatex mit Holzgriffen.

In einzelnen Schritten kann ohne ein einziges Werkzeug das ganze Sideboard auseinandergenommen werden.
Leihgabe Michael Fischer und Pascal Bucheli.
Fotos Michael Lio, Archiv Designunddesign, Baden, © Michael Lio.

Eine Tischplatte aus Kunststein, zwei verschliessbare Kastenbehälter aus Eiche, zwei Kreuzträger, ein Kasten mit Schiebetüren sowie ein Massivholzträger aus Eiche machen das ganze Sideboard aus.

EIN PUNKT – EIN STUHL

Der Einpunkt-Stuhl, ein Entwurf von Hans Bellmann aus dem Jahr 1951, wird auch heute noch in der Manufaktur Horgenglarus hergestellt.

Text: Susanna Koeberle / Fotos: Michael Lio / Art Direction: Joan Billing & Samuel Eberli

Es gibt in der Schweiz nicht mehr viele Firmen, bei denen man das Label «Swiss Made» tatsächlich beim Wort nehmen kann. Produzieren in der Schweiz ist heutzutage sehr teuer geworden, was sich in den Preisen der Produkte niederschlägt. Dementsprechend erwartet der Kunde aber auch Topqualität. Ein Unternehmen, das konsequent auf Qualität und Handwerk setzt, ist die Holzmanufaktur Horgenglarus, die von einer bewegten Geschichte geprägt ist. 1880 bei Horgen gegründet und 1902 um den Werkstandort Glarus erweitert, hatte die Firma schnell Erfolg auf dem Schweizer Markt und genoss dank ihres enormen Know-hows in der Verarbeitung von Massivholz (das Biegen des Holzes wird auch heute noch von Hand vorgenommen) ein ausgezeichnetes Image. In den 1920er-Jahren entstanden erste Kooperationen mit Designern. Der 1926 vom Architekten Max Ernst Haefeli entworfene Haefeli-Stuhl ist auch heute noch in Produktion.

Damals war die Wahrnehmung von Design noch eine andere, ein Entwurf war nicht in Stein gemeisselt. Man zeichnete selten und arbeitete in der Manufaktur direkt mit 1:1-Prototypen. Die Designer kamen auch kaum in die Fabrik. Die Entwürfe wurden bei Bedarf an Kundenwünsche angepasst, dies notabene ohne Einverständnis des Gestalters. Natürlich gab es auch Ausnahmen: Max Bill war so eine. Er sei der Erste gewesen, der die Produktion seines Entwurfs vor Ort akribisch verfolgte, erzählt Walter Knöpfel, seit vielen Jahren Projektleiter der Firma und ein Kenner des umfangreichen Archivs. Einer, der zwar weniger exzentrisch auftrat, aber dennoch wusste, was er wollte, war Hans Bellmann, ein Zeitgenosse Bills, der 1953/54 mit ihm an der Hochschule für Gestaltung in Ulm lehrte. Aufgrund seines Werdegangs als Bauhaus-Student bei Mies van der Rohe war er der Einfachheit und Gradlinigkeit der Form verpflichtet. Diese findet man auch in seinem Stuhlentwurf aus 1951/52, dem «Einpunkt-Stuhl«, der sich bis heute im Sortiment von Horgenglarus befindet. Wie diese Zusammenarbeit genau zustande kam, lässt sich nicht mehr genau rekonstruieren. Fest steht, dass Bellmann zu dieser Zeit für die Wohnbedarf AG tätig war. Dort lernte er übrigens 1951 auch seine zukünftige Frau, Rosmarie Rüeger, kennen. Möglicherweise entstand der Kontakt über den bekannten Möbelproduzenten, der schon damals auch ein Ladenlokal in Zürich besass und für den er später die Basler Dépendance umbauen konnte. Die Gründer des Wohnbedarfs nahmen regelmässig an den Donnerstaghocks bei der Börse teil, wo sich damals verschiedene Produzenten, Möbelhändler und Architekten zum Erfahrungsaustausch trafen.

Die Sperrholzschalen des Einpunkt-Stuhls hatte Bellmann, der eher als Einzelgänger in der Szene galt, anfangs zusammen mit einem Spezialisten gepresst, bevor es dann zu Lizenzverträgen mit Horgenglarus kam. Der leichte Stuhl, der dank seines Grifflochs in der Lehne auch einfach handzuhaben war, ist ein typischer Entwurf des damals aufkommenden nomadischen Wohnens. Bellmann fand für das Verbinden der Schale mit dem Metallgestell eine elegante Lösung. Einfachheit lautet auch hier das Losungswort: Eine einzige Schraube dient als Verbindungselement zwischen Sitzschale und Unterteil des Stuhls, daher sein Name. Genau diese simple Geste macht den Stuhl zu einem Archetyp, der Moden überdauert. Ein Punkt, so sei es. In diesem Sinne war der ausgebildete Architekt auch kein Tüftler, sondern vertraute auf die Unmittelbarkeit der Inspiration, auf die Idee. Er sah sich auch zeitlebens als Plastiker und nicht primär als Möbelgestalter. Als Reaktion auf den Vorwurf Max Bills (offenbar nicht sein Best Friend), der Stuhl sei eine Imitation eines seiner Entwürfe aus 1951, entstand 1955 der Zweischalenstuhl, der sogenannte GA-Stuhl.

fox High

Vorherige Seite Die unterschiedlichsten Einzelstücke hängen als Referenzmuster sortiert an der Wand. **Diese Seite** Sitzschalen des Einpunkt-Stuhls warten auf ihre Lackierung.

Links In der Schreinerei steht die Zeit. **Rechts** Die Schablonensammlung hängt griffbereit an der Wand.

Seine Produktion erwies sich jedoch als schwierig, weswegen er später von Horgenglarus aus dem Sortiment genommen wurde. Wie der Einpunkt-Stuhl erhielt er zwar die Auszeichnung «Die Gute Form« des Schweizerischen Werkbundes, aber eine gute Form allein reicht auf dem Markt meistens nicht aus, um als erfolgreiches Produkt zu bestehen. Die Logik dieses Markts bleibt dennoch oftmals schleierhaft, was sich auch daran zeigt, dass mancher gute Entwurf in Vergessenheit gerät – und oft auch der Gestalter dahinter.

Fest steht, dass der Einpunkt-Stuhl den Nerv der damaligen Zeit traf. Die Nachkriegszeit war geprägt durch einen Neuanfang. Die Typenmöbel entsprachen dem Bedürfnis nach funktionalen und leicht verschiebbaren Möbelstücken und widerspiegelten auch ein modernes Designbewusstsein, das gestalterische und funktionale Ökonomie mit einem ästhetischen Anspruch paarte. Bei Bellmann war auch der Gedanke zentral, dass die Möbel einfach zerlegbar sein sollten (was konkret nicht immer so einfach war). Kurz nach dem Einpunkt-Stuhl kam auch ein Tischchen dazu, das nach demselben Prinzip funktionierte. Der Stuhl kam auch 1964 bei der Schweizerischen Landesausstellung Expo in Lausanne zum Einsatz. Meist waren die Designer gar nicht gross involviert in solche Aufträge. Die Produktionsfirma, in diesem Fall Horgenglarus, stellte den Stuhl auch in etlichen Varianten (mit Armlehnen oder mit Kufen) her, je nach Kundenwunsch. Für Bellmann bedeutete der Lizenzvertrag dennoch ein Mindesteinkommen, auf das er angewiesen war. Schliesslich hatte er eine Familie zu ernähren (seine drei Kinder wurden in den 1960er-Jahren geboren).

Dass Bellmanns Wirken in Vergessenheit geriet, hängt vielleicht auch damit zusammen, dass seine Karriere nie geradlinig verlief. Neben seiner geistigen Mobilität (er las viel, auch Literatur) war er auch physisch mobil. Seine Reisen führten ihn in den 1960er-Jahren in die USA (er unterrichtete in Seattle als Gastdozent und reiste anschliessend während zweier Monate durch die USA. 1965 wirkte er zudem als Visiting Critic an der Graduate School of Architecture, Harvard University, Cambridge) und in den 1980er-Jahren nach Hongkong, wo er im Architekturbüro eines ehemaligen Studenten aus Seattle bei zwei Projekten in Hongkong und Peking mitarbeitete. Das internationale Wirken und sein reges Interesse für Kultur machten ihn zu einem untypischen helvetischen Design-Zeitgenossen – vielleicht war er seiner Zeit einfach etwas voraus.

Susanna Koeberle
studierte Germanistik, Komparatistik und Philosophie. Sie ist stellvertretende Chefredakteurin von «Das Ideale Heim» und arbeitet daneben an unterschiedlichen Projekten in den Bereichen Design und Kunst.

Bildnachweis
S. 65-67, Archiv Designunddesign, Baden, © Michael Lio.

05-11
MORITZ JAHR
A G
GERA REUSS

Linke Seite Plattenpresse für Schalenformen **Oben links** Ein Elementteilarchiv befindet sich im Estrich der Firma und wird wie ein Schatz gehütet. **Oben rechts** Teilformen des Zweischalenstuhls lagern bis zur Weiterverarbeitung. **Unten** Sitzschalen des Einpunkt-Stuhls nach dem Feinschliff.

EINPUNKT-STUHL UND -TISCH 1953

Das Konstruktionsprinzip ist auch gleich der Namensgeber. Eine zentral in der Sitzfläche verankerte Schraube verbindet das Untergestell mit der aufliegenden Formholzschale.

Text und Art Direction: Joan Billing & Samuel Eberli / Fotos: Michael Lio

Mit der Zunahme der Mobilität Anfang der 1950er-Jahre wuchs die Nachfrage nach leicht auf- und abbaubaren, transportierbaren und stapelbaren Möbeln. Bereits das Spannstützengestell, der Kolonialtisch und die erste Linie von Typenmöbeln erfüllten die Bedürfnisse und die Erwartungen einer ganzen Generation von modernen Nomaden.[1] Daran knüpft auch Hans Bellmanns nächster grosser Entwurf an: der Einpunkt-Stuhl von 1952. Dabei setzte Bellmann jedoch die Idee eines Typenmöbels, das sich mit einfachen Handgriffen zerlegen lässt, nur noch formal um. Er behielt den Grundsatz eines luftigen und ästhetischen Entwurfs bei, der mit minimalem Materialaufwand auskommt. Er brachte sozusagen versinnbildlicht alles auf einen Punkt, was sowohl zum Konstruktionsprinzip als auch zur Namensgebung «Einpunkt-Stuhl» führte.

Das Überzeugende seines Entwurfs ist die Art und Weise, wie er die Verbindung zwischen einem leichten Metallgestell und einer hölzernen Sitzschale herstellt: Lediglich eine einzige Schraube, formschön und geradezu bildhaft als Hinweis auf seine Funktion in die Sitzfläche integriert, hält die beiden Elemente zusammen. Als Standardprodukt für Sitzschalen wurde Sperrholz zu jener Zeit bereits verwendet. In der Werkstatt der AG Möbelfabrik Horgenglarus laborierte Bellmann mit Fachspezialisten an der Sitzform aber weiter herum, bis eine freie Form gefunden war, bei der die Rückenlehne fliessend in die Sitzfläche übergeht. Um ein leichtes Federn zu ermöglichen, musste die Rückenpartie reduziert und durften nur seitliche Stege stehengelassen werden. Dies führte zu einem Loch in der Lehnenmitte, welches bis auf Griffhöhe hochgezogen wurde und so ein komfortables Herumtragen ermöglicht, was ganz dem Geist der Generation der modernen Nomaden entsprach. Optisch gibt diese konstruktive Öffnung dem Stuhl zusätzliche Leichtigkeit. Später beanstandete Max Bill jedoch gerade diese Idee des horizontalen Schlitzes am Rücken, die er 1951 mit seinem Stuhl aus Pressholz ebenfalls bei der Firma Horgenglarus umgesetzt hatte.[2]

Mit einer Stärke von 10 mm behält die Formholzschale auch ausreichend Festigkeit bei geringem Gewicht. Ihre Oberfläche wurde meistens klar oder schwarz lackiert. Für seine eigenen Stühle wählte Hans Bellmann ein tiefdunkles Moosgrün, da für ihn Schwarz eine Nichtfarbe war.[3] Das Untergestell bildet eine zusammengeschweisste Konstruktion aus gebogenem, 16 mm starkem, verchromtem Stahlrohr. Vier aufgeschweisste, 8 mm starke Distanzhalter stützen die Sitzschale. Die Befestigung übernimmt die bereits erwähnte zentrale Verschraubung, wobei der Schraubenkopf als verchromte Scheibe mit einem Durchmesser von 30 mm auf der Sitzfläche sichtbar ist. Den Gegenzug übernimmt eine ebenfalls verchromte Hutkopfmutter mit einem Durchmesser von 14 mm. Die Stuhlbeine enden in extra entworfenen, abgeschrägten Gummistulpen.

Es wundert nicht, dass dieser Entwurf von Hans Bellmann die Auszeichnung «Die gute Form» des SWB erhielt und die AG Möbelfabrik Horgenglarus ihn heute, mehr als 60 Jahre später, weiterhin herstellt. 1953 entwarf Hans Bellmann auch einen Glastisch, bei dem er ebenfalls mit nur einer zentralen Schraube eine Glasplatte auf ein metallenes Untergestell mit drei Beinen befestigte.

Joan Billing, Designerin, betreibt Forschung, Beratung und publiziert zu Design zusammen mit **Samuel Eberli,** Architekt in Baden. Sie initiierten 2007 Design+Design, kuratieren die jährliche Ausstellung der Serie «Protagonisten der Schweizer Wohnkultur» und geben die dazugehörende Publikation heraus.

Fussnoten

1 Vgl. Arthur Rüegg: «Nomadisches Wohnen: Das ‹neue Holz› im Schweizer Design», in: *100 Jahre Schweizer Design*, 2014, Zürich.

2 Gemäss Hans Bellmann war bei der Firma Horgenglarus bereits eine Schale mit horizontalem Schlitz im Rücken als Fertigprodukt vorhanden. Dies entgegen der von Max Bill vertretenen Version, wonach dieser eine so ausgeführte Sitzschale erst 1951 entwickelte (Interview Hans Bellmann mit Arthur Rüegg vom 23. April 1990).

3 Laut Rosmarie Bellmann setzte Hans Bellmann die Farbe Schwarz nur dort ein, wo er bewusst etwas «Wegstreichen» oder in den Hintergrund treten lassen wollte, wie zum Beispiel bei seinen Möbeluntergestellen. (Joan Billing und Samuel Eberli, Interview mit Rosmarie Bellmann vom 11. Juli 2015).

Wie bei einer Stabelle dient der Ausschnitt
in der Rückenlehne als Griffloch.
Der abgebildete Stuhl aus dem Haushalt
Bellmann wurde nachträglich grün lackiert.

Mit einer einzigen zentralen Schraube wird die Formholzschale mit dem Untergestell verbunden. Selbstentworfene Gummifüsse verhindern das Verrutschen.

Oben Das Untergestell von unten. **Mitte links** Der Schraubenkopf ist bündig in der Sitzfläche eingelassen. **Mitte rechts** Eine Hutkopfmutter zieht die Konstruktion zusammen. **Unten** Die Formholzschale liegt auf vier ans Untergestell geschweissten Nocken auf.
Fotos Michael Lio, Archiv Designunddesign, Baden, © Michael Lio.

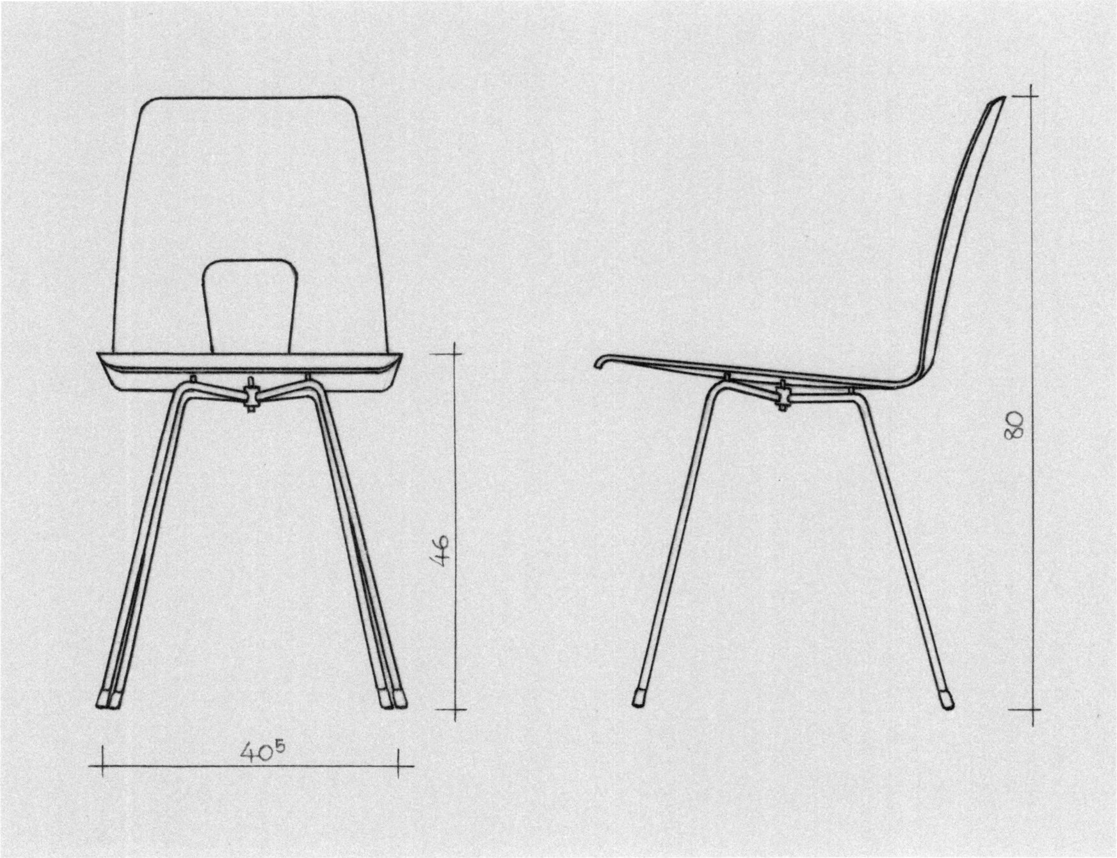

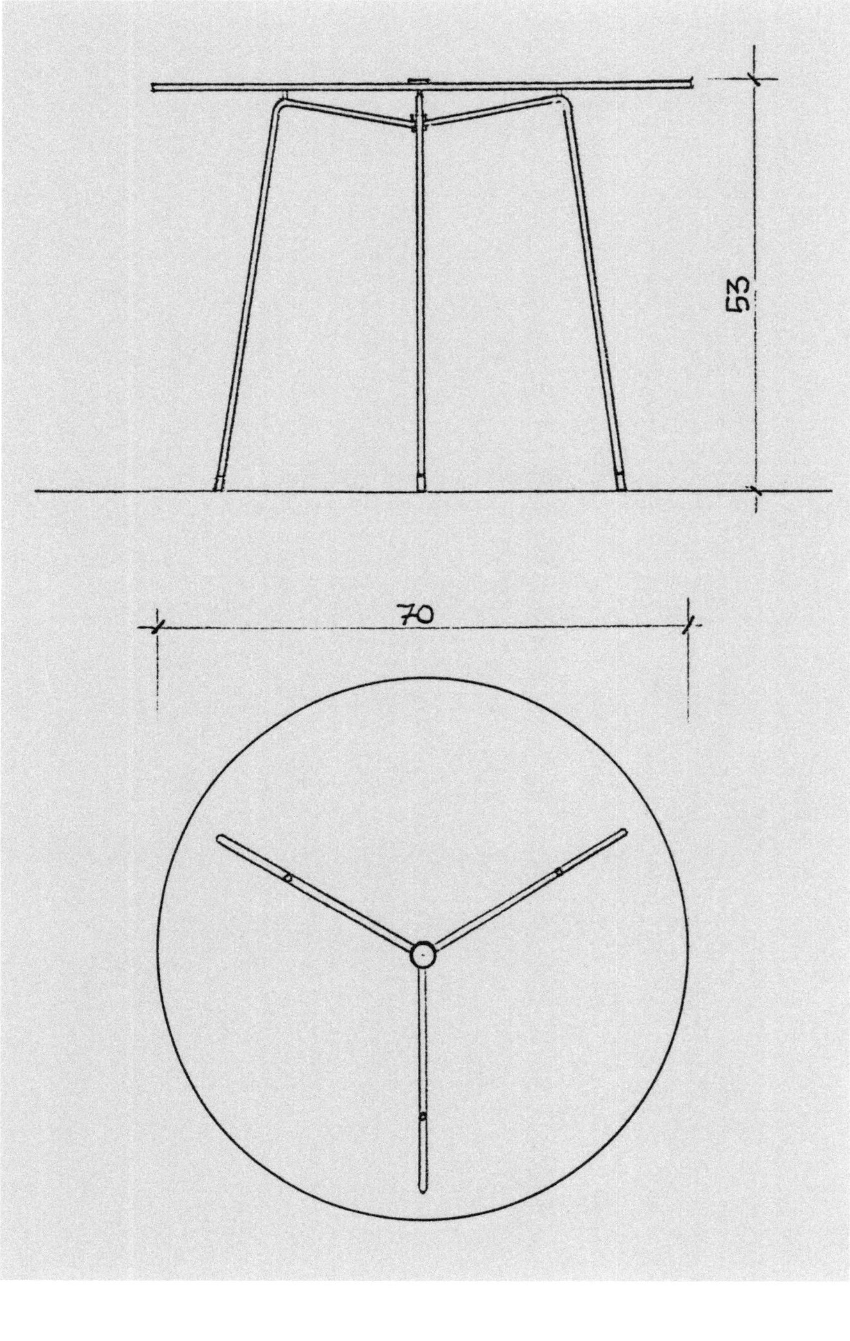

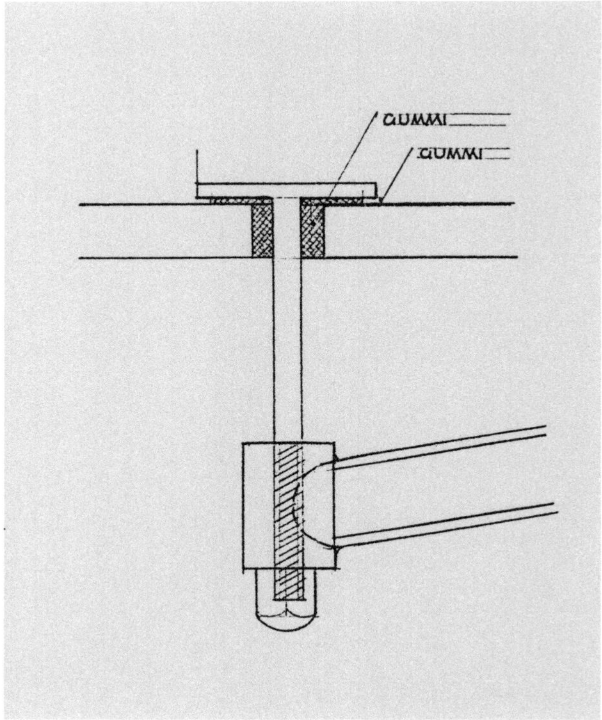

Oben und unten links Massskizzen des Einpunkt-Stuhls und Einpunkt-Tisches. **Unten rechts** Zeichnung des Konstruktionsprinzips im Schnitt, Tusche auf Transparentpapier.
Bildnachweis Doppelseite: Museum für Gestaltung, Designsammlung, ZHdK, © ZHdK.

Einpunkt-Tisch mit einer Drahtglasplatte.
Museum für Gestaltung, Designsammlung, ZHdK.
Aus: Arthur Rüegg, Ruggero Tropeano: *Wege zur Guten Form*, Basel, 1995. Foto Schönwetter, Landesarchiv des Kantons Glarus, Bestand Foto Schönwetter.

STAPELBARES SATZTISCHCHEN 1954

Mit elegantem Charme ist das kleine Tischchen leichtfüssiger Diener und Tablettträger in einem. Platzsparend kann es gestapelt werden und spielt zeittypisch mit fast graziler Leichtigkeit seine Qualitäten aus.

Text und Art Direction: Joan Billing & Samuel Eberli / Fotos: Michael Lio

Unter den von Hans Bellmann entwickelten Möbeln befindet sich auch ein besonders leichtes und feingliedriges Tischchen. Schon fast zeichenhaft führt Hans Bellmann mit diesem Beistelltisch als mobiler Allzweckablage eine neue Lebensweise vor, die sich an den neuen Errungenschaften der Mobilität orientiert. Es erinnert an die Anfänge der Flugzeug-Airlines, als gut gekleidete, smarte Hostessen – Engel der Lüfte – auf Tabletts kleine Annehmlichkeiten verteilten, um die Reisezeit zu verkürzen. In diesem Sinn konnte das beladene Satztischchen von Raum zu Raum und von drinnen nach draussen mitgenommen und aufgestellt werden. Bis zu fünf dieser aufgeständerten Tabletts liessen sich gleichzeitig gestapelt zu ihrem Einsatzort tragen. Hans Bellmann nutzte sie in seinem Atelier als Ablagen für seine Malutensilien. So konnte er jederzeit mit dem beladenen Tablett an den gewünschten Ort wechseln, um zu zeichnen, zu skizzieren oder zu malen. Die Tablettschale nahm neben Pinseln und Schreibzeug auch Plan- und Zeichnungsrollen auf – und dazwischen zur Pause die Tasse mit Tee oder das Butterbrot. Mit seinen ikonenhaften Objektqualitäten spiegelte das Beistelltischchen auch das neue Frauenbild der Nachkriegszeit und passte bestens zum damals immer noch anhaltenden und Furore machenden «New Look» von Dior. Es wäre auch ein Kandidat gewesen für den Film «Mon Oncle» von Jacques Tati, der 1958 den Zeitgeist überzeichnet auf den Punkt brachte. 1960 wurde der Entwurf des Satztischchens erstmals mit der Auszeichnung «Die gute Form» des SWB gewürdigt.

Das neuartige Tischchen scheint die Erdanziehung überwunden zu haben. Das Tischblatt in Form eines ausschwingenden Tabletts scheint schwerelos über dem Boden zu fliegen, wären da nicht die weit ausgreifenden feinen Beine, welche unter dem Tablett hervorschauen, meist schwarz lackiert, sodass man sie fast nicht beachtet. Zwischen der edlen Gebrauchsebene des Pressholz-Tischblatts (es wurden Ausführungen in Birke, Esche, Ahorn, Mahagoni oder Nussbaum hergestellt) und der mattschwarz lackierten oder verchromten Unterkonstruktion aus Stahlrohr wird klar in Materialität und Farbigkeit unterschieden. Hier hatte Hans Bellmann für den Eigengebrauch seiner Satztische bei der Farbwahl auf ein Blau gesetzt, welches an die Airline-Ära erinnert (TWA), und ein Le-Corbusier-Rot, angelehnt an die Lackschalen einer traditionellen japanischen Teezeremonie.

Die tragende Konstruktion wird erst von unten erkennbar und zeigt sich als Schaustück für zargenlose Möbel (analog zum Einpunkt-Stuhl und zu Bellmanns Tisch mit ebenfalls weit ausgreifenden, zentral befestigten Beinpaaren). Das Tischblatt ist mit einem konischen Massivholzträger darunter verleimt. Dieser liegt auf dem Rundrohr-Untergestell auf. Ein am Untergestell angeschweisster Bügel hält mit vier Schrauben den Massivholzträger fest und gibt so den notwendigen seitlichen Halt an das aufgelegte Tischblatt weiter. Anstelle behäbiger senkrechter Beine, welche die Kräfte direkt nach unten ableiten, scheinen die schräggestellten Beine beim Stapeltischchen von Hans Bellmann mehr ein Sperren gegen Seitenkräfte zeigen zu wollen. Gesteigert wird dieser Ausdruck durch eigens entworfene Gummistulpen an den Fussenden. Diese helfen sicher gegen ein ungewolltes Verrutschen des leichten Tabletts beim Be- und Entladen. Die Schrägstellung der Beine macht das Tischchen aber vor allem eines: stapelbar.

Hergestellt wurde das Kleinmöbel bei der AG Möbelfabrik Horgenglarus mit der Modellnummer 7030 von 1954 bis ca. 1970 mit einem Vertrieb durch die Wohnbedarf AG Zürich/Basel. Später war das gleiche Tischchen als Modell 701 auch bei Domus (BRD) erhältlich.

Joan Billing, Designerin, betreibt Forschung, Beratung und publiziert zu Design zusammen mit **Samuel Eberli,** Architekt in Baden. Sie initiierten 2007 Design+Design, kuratieren die jährliche Ausstellung der Serie «Protagonisten der Schweizer Wohnkultur» und geben die dazugehörende Publikation heraus.

Bildnachweis
S. 77-79, Archiv Designunddesign, Baden, © Michael Lio.
S. 80/81, Museum für Gestaltung, Designsammlung, ZHdK, © ZHdK.

Gestapelt benötigen die Tische nur wenig Platz. Durch das geringe Gewicht können bis zu fünf Tischchen auf einmal getragen werden. Das Stapeln wird durch die Schrägstellung der Beine ermöglicht. Beide abgebildeten Stapeltische sind aus dem Privatbesitz von Hans Bellmann in Wiggwil mit einer später ausgeführten Lackierung in Rot und Blau.

Stapelbarer Tisch, Höhe 46 cm, Formsperrholzplatte 53 x 42,5 cm, Füsse Stahlrohr, meist schwarz, matt, emailliert oder seltener verchromt. Das Blatt war aus Pressholz wasserfest verleimt, poliert, in Birke, Esche, Ahorn, Mahagoni oder Nussbaum sowie in diversen Farben lackiert bei Horgenglarus als Modell 7030 und bei Domus (BRD) als Modell 701 erhältlich. Eigens entworfene Gummifüsschen schützen vor ungewolltem Verrutschen beim Be- und Entladen des sehr leichten Tischchens.

Das formgebogene Tischblatt aus Ahornsperrholz ist mit einem konischen Massivholzträger darunter verleimt. Dieser liegt auf einem Rundrohr-Untergestell auf. Ein am Untergestell angeschweisster Bügel hält mit zwei bis vier Schrauben den Masivholzträger fest und gibt so die notwendige seitliche Festigkeit an das lose aufgelegte Tischblatt weiter.

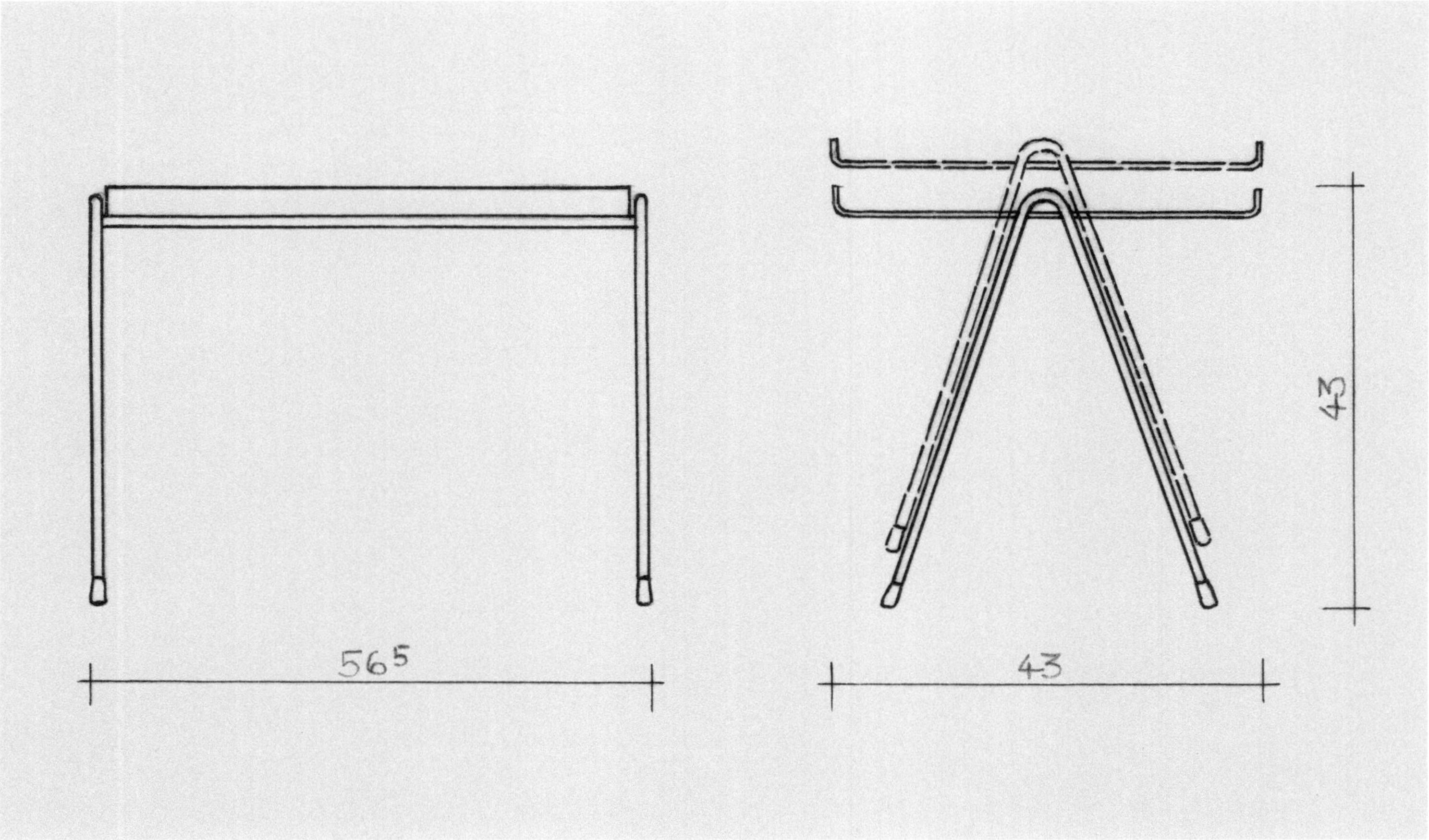

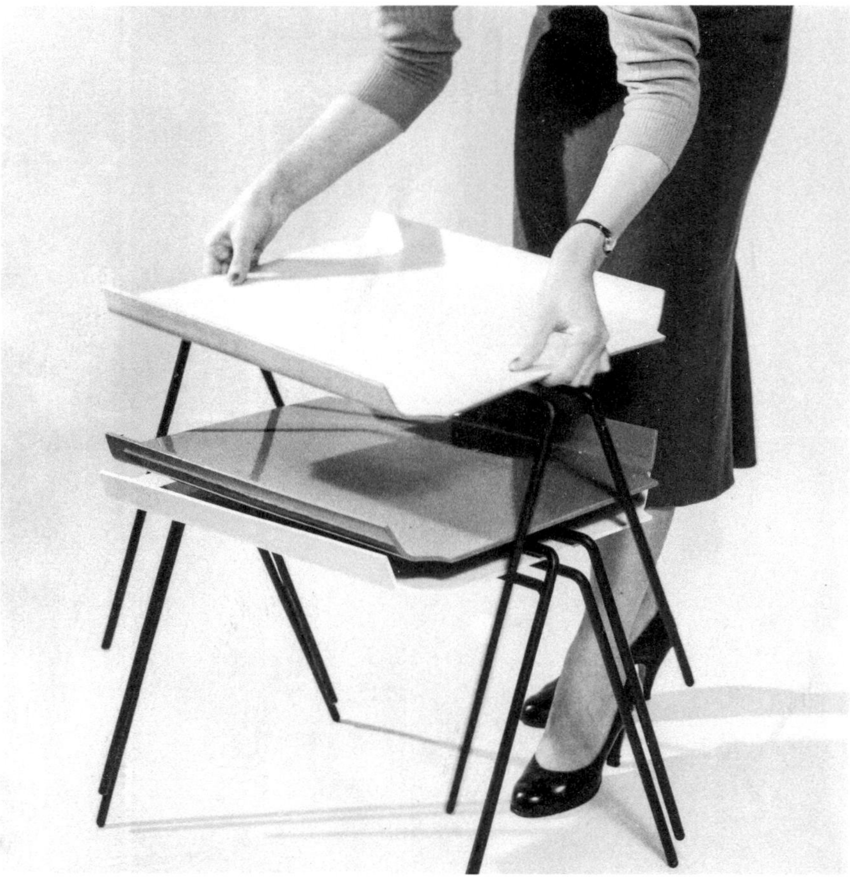

Oben Skizzen mit Massangaben und Fotos aus dem Verkaufsprospekt für das stapelbare Beistelltischchen. **Unten** Die fotografische Inszenierung unterstreicht Bedienungsfreundlichkeit, Leichtigkeit und elegante Qualität des erstmals 1960 mit der Auszeichnung «Die gute Form» prämierten Entwurfs. Fotos Max Buchmann.

Ein Set für den Nachmittagstee hat ebenso gut darauf Platz wie die in Griffnähe gebrauchten Schreib- oder Malutensilien. Der abgebildete Stapeltisch stammt aus der Prduktion der Möbelfabrik Horgenglarus AG, Glarus. Hergestellt von 1954 bis ca. 1970, Vertrieb durch die Wohnbedarf AG Zürich/Basel. Foto Max Buchmann.

GA ZWEISCHALEN-STUHL 1955

Der einzige in Sitzrichtung zweischalige Stuhl Europas. Auf einem Untergestell liegen zwei Formsperrholzschalen auf. Durch ihre Neigung zueinander ergibt sich der Sitzkomfort.

Text und Art Direction: Joan Billing & Samuel Eberli / Fotos: Michael Lio

Infolge der Auseinandersetzung mit Max Bill bezüglich des Einpunkt-Stuhls demissioniert Hans Bellmann 1954 nach knapp einem Jahr als Dozent an der Ulmer Hochschule für Gestaltung. Er begegnet dem Disput auf seine ganz eigene Art und Weise. Bellmann setzt sich hin und beginnt, akribisch bis ins kleinste Detail seinen nächsten bedeutenden Stuhlentwurf aufzuzeichnen – den GA-Stuhl. Die Idee zum neuen Konzept von 1955 sieht ausgehend vom Einpunkt-Stuhl neu eine Dualität vor: Zwei fast identische Pressformplatten aus Sperrholz werden von zwei Schrauben auf ein Untergestell gezogen. Daraus abgeleitet übernimmt der Volksmund auch den Übernamen «Zweischalen-Stuhl» für den von Bellmann mit den Buchstaben GA bezeichneten Stuhltyp[1].

Hans Bellmann experimentiert an der Konstruktion des Sitzes mit zwei eindimensional verformten Platten. Durch seitliches Neigen der beiden Lehnenteile ergibt sich ein erhöhter Sitzkomfort. Werden die zentral angeordneten Schrauben in den Verbindungsstücken zwischen den beiden Formteilen angezogen und die Sitzschalen so auf ihre Gummiaufleger der Unterkonstruktion gezogen, entsteht eine Gelenkwirkung, welche die Lehnteile zusammendrückt. So bleibt die Lehne in sich genügend flexibel, um leicht zu federn. Es gelingt Hans Bellmann, den ersten Stuhl aus zwei Sitzlehnschalen in Europa zu entwickeln. Er studiert sämtliche Details durch, entwickelt jedes Element komplett selbst und zeichnet es auf: Die Gummistulpen an den Stuhlbeinen genauso wie die Rückhalteschrauben und die Gummiaufleger. Die Produktion übernimmt die AG Möbelfabrik Horgenglarus und der Vertrieb läuft über den Wohnbedarf Zürich/Basel. Auch das Möbelhaus Domus erhält eine Lizenz für den deutschen Markt.

Hans Bellmann ergänzt die ursprüngliche Idee noch mit Varianten zu einem ganzen Stuhlprogramm. Er versieht den Stuhl mit Armlehnen, macht ihn stapelbar und lässt ihn mit Stoff überziehen. Dabei wird ein dünnes Polster wie eine zweite Haut auf die furnierte Sperrholzschale gezogen, das jederzeit wieder abgenommen werden kann. Eine weitere Version des Zweischalen-Stuhls ist mit einem Hebelzug zur Höhenregulierung versehen und so für den Bürobereich geeignet. Auch zu einem Schaukelstuhl mit Holzkufen wird der Stuhl weiterentwickelt.[2]

Joan Billing, Designerin, betreibt Forschung, Beratung und publiziert zu Design zusammen mit **Samuel Eberli,** Architekt in Baden. Sie initiierten 2007 Design+Design, kuratieren die jährliche Ausstellung der Serie «Protagonisten der Schweizer Wohnkultur» und geben die dazugehörende Publikation heraus.

Fussnoten

1 Gemäss Rosmarie Bellmann steht hinter diesen beiden Buchstaben der Wunsch, eine Gartenbank zu entwerfen. (Joan Billing und Samuel Eberli, Interview vom 11. Juli 2015).

2 Eine Ausführung davon erhielt Arthur Rüegg von Rosmarie Bellmann als Geschenk. Seit 2014 befindet sich der Stuhl im Archiv des Museums für Gestaltung Zürich als Schenkung aus der Sammlung Arthur Rüegg.

Bildnachweis

S. 83-87, Archiv Designunddesign, Baden, © Michael Lio.

S. 88/89, Museum für Gestaltung, Designsammlung, ZHdK, © ZHdK.

Ausführung mit furnierten Sitzschalen und schwarzem Untergestell.

Wie beim Einpunkt-Stuhl dienen die seitlichen Ausleger des Untergestells nur als Auflager. Zwischen den Formholzschalen ziehen zwei Schrauben die Verbindungsstücke ans Untergestell.

Gummistulpen verhindern das Rutschen auf glattem Boden und vermeiden beim Schieben auf dem Boden übermässige Geräusche.

Oben Die Sperrholzformen sind ohne Verwindung eindimensional gepresst und dann asymmetrisch ausgeschnitten worden.
Unten Rückansicht.

Die zweiteilige Sitzschale ist in Europa einzigartig.

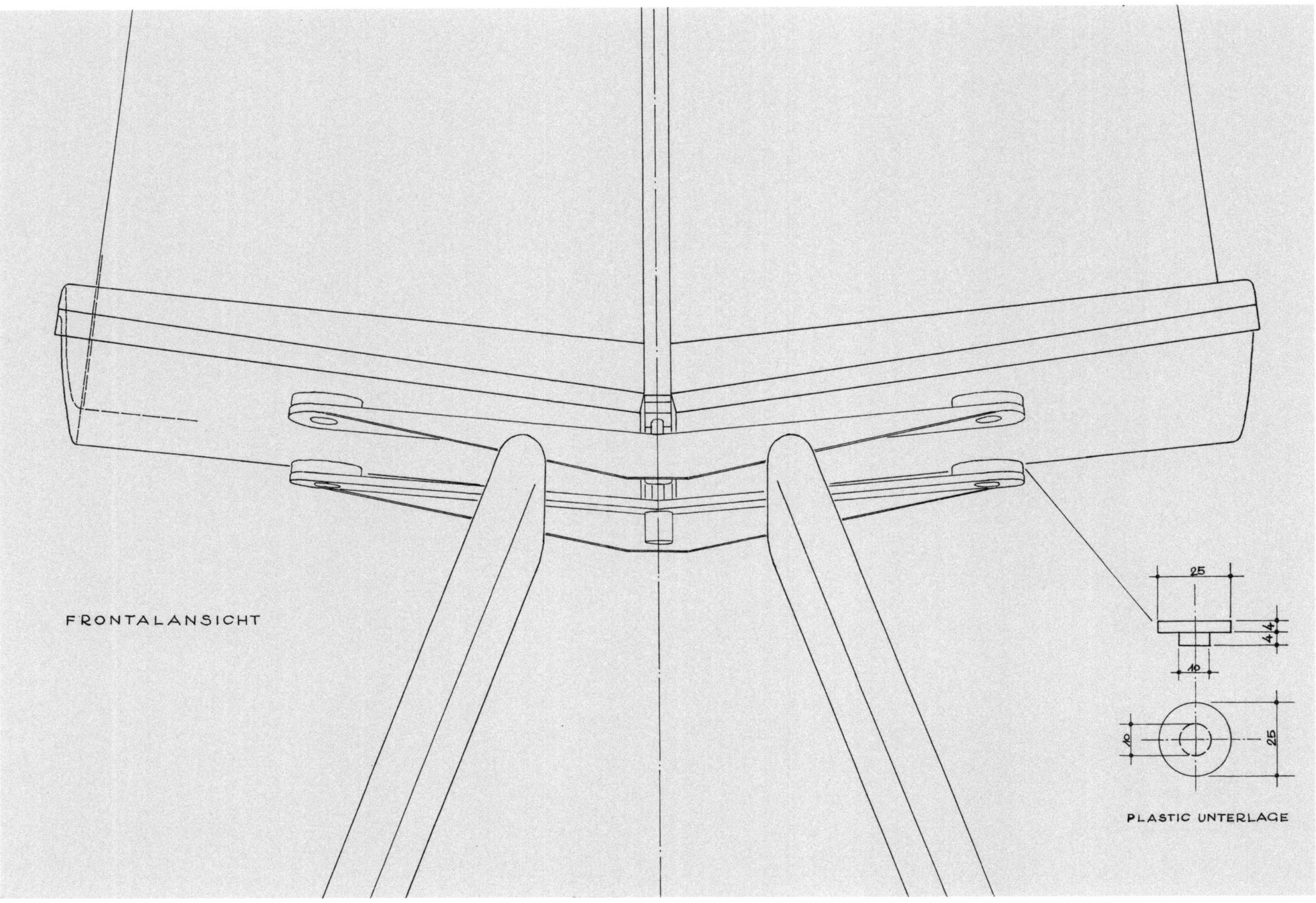

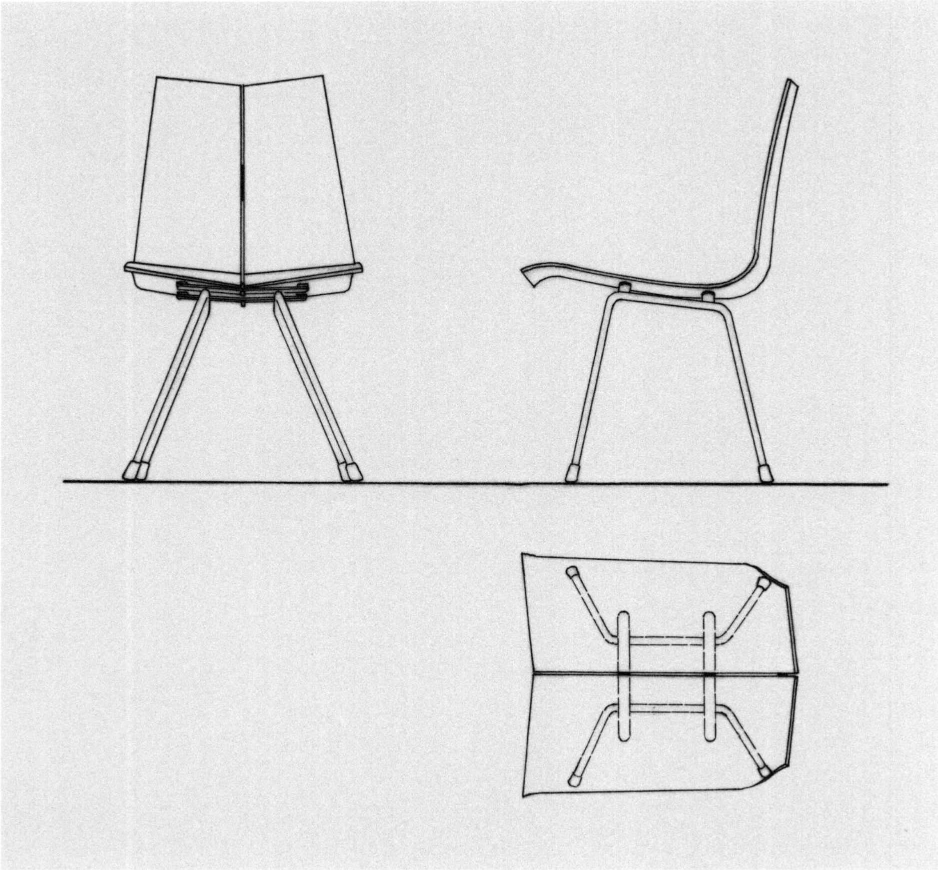

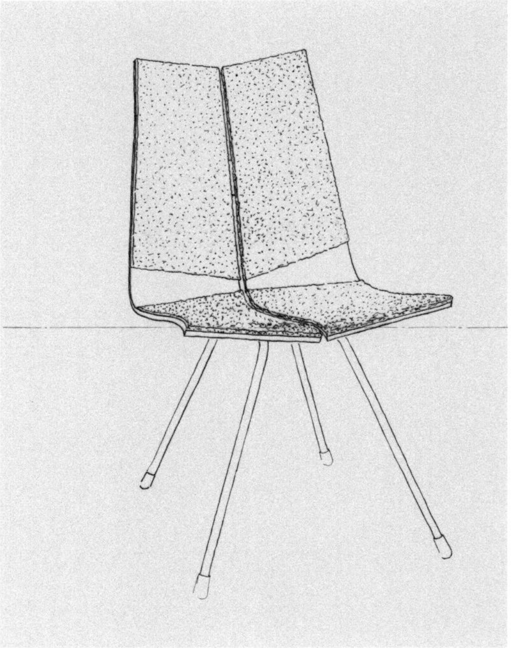

Oben und unten links Zeichnungen des Zweischalen-Stuhls. Jedes Element wurde von Hans Bellman neu erdacht und entworfen, so auch die Gummistulpen an den Beinen wie auch die Gummiaufleger.
Unten rechts eine Variante des GA-Stuhls mit Stoffbezug.

Bei der Variante mit Stoffbezug wurde das dünne Polster raffiniert auf die furnierte Formsperrholzschale gezogen und konnte jederzeit wieder gelöst werden. Foto Max Buchmann.

GA PROGRAMM 1955

Im Programm der GA-Familie befindet sich auch ein Büromodell mit dreh- und höhenverstellbarer Sitzfläche. Hans Bellmann entwarf hierzu ein eigenes Federzugsystem. Es kamen auch Armlehnen hinzu und eine stapelbare Version.

Text und Art Direction: Joan Billing & Samuel Eberli / Fotos: Michael Lio

Ein leichter Zug am Hebel unter der Sitzfläche löst den Sperrmechanismus im Federkolben und die Sitzfläche wird von der Stahlfeder nach oben gestossen.

In verschiedenen Ausführungen wurden Armlehnen am Zweischalen-Stuhl angebracht. Bei der hier abgebildeten Version wurden die Armlehnen seitlich an der Unterkonstruktion befestigt, damit ein Aufeinanderstapeln von mehreren Stühlen möglich wird.

Die stapelbare Version mit lackierten Armlehnen aus Holz und einem mattschwarz lackierten Untergestell. Die Beine sind bis zu den Armlehnen hochgezogen und weit ausgestellt. Leihgabe Peter Tellini. Fotos Michael Lio, Archiv Designunddesign, Baden, © Michael Lio.

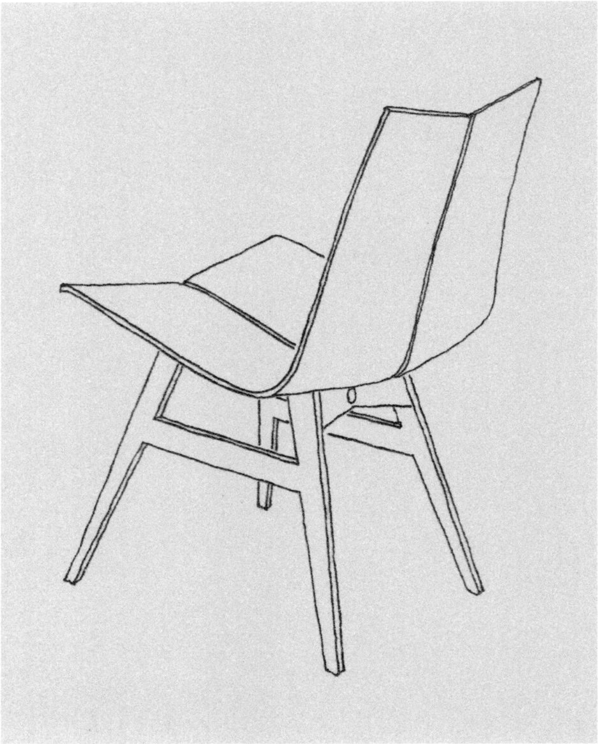

Oben Version mit einem Untergestell aus Holz.
Unten Version mit drehbarer Sitzschale.
Bildnachweis Museum für Gestaltung Zürich,
Designsammlung, ZHdK, © ZHdK.

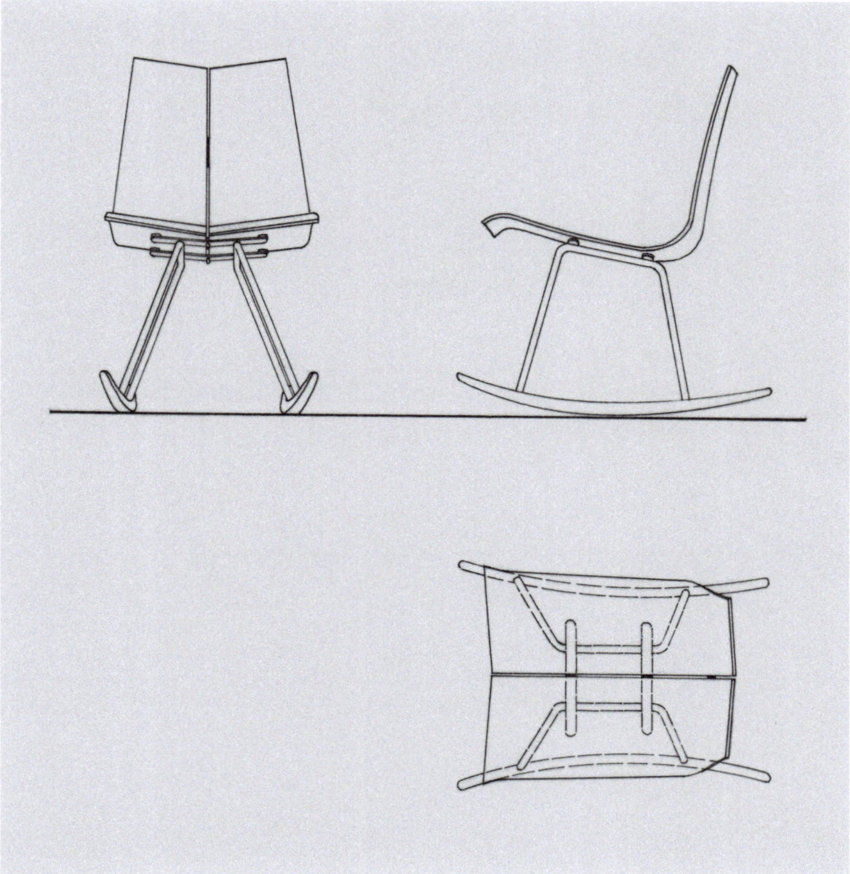

Der GA-Schaukelstuhl mit Holzkufen.
Bildnachweis Museum für Gestaltung Zürich,
Designsammlung, ZHdK, © ZHdK.

Der GA-Schaukelstuhl mit Holzkufen. Foto Franz Xaver Jaggy.
Bildnachweis Museum für Gestaltung, Zürich, © ZHdK.

PLASTISCHES DENKEN WILL GEÜBT SEIN

Als Lehrer widmete sich Hans Bellmann der Vermittlung von gestalterischen Grundlagen. Das Sehen von Formen und Körpern sowie das Wissen um ihre Darstellbarkeit waren für ihn die Basis für jedes Design.

Text: Renate Menzi

Neben seiner Tätigkeit als freier Architekt und Industriedesigner unterrichtete Hans Bellmann von 1948 bis 1955 an der Zürcher Kunstgewerbeschule, 1953/54 auf Einladung von Max Bill an der Hochschule für Gestaltung in Ulm und 1958/59 an der Allgemeinen Gewerbeschule Basel. In Zürich war Bellmann Lehrer im Vorkurs, obwohl er sich bereits als Entwerfer von Typenmöbeln einen Namen gemacht hatte. Der Kolonialtisch (1945) etwa wurde in der SWB-Wanderausstellung «Die gute Form» 1949 gezeigt[1], das Spannstützen-Gestell (1946) in Max Bills wegweisendes Buch «Form» aufgenommen.[2] Im sogenannten Grundjahr jedoch bot sich Bellmann die Gelegenheit, die Grundlagen der Bauhaus-Pädagogik[3] weiterzugeben, denn er war 1931 bis 1933 selbst Schüler am Bauhaus in Dessau und Berlin gewesen. Dort war er vor allem durch den Unterricht von Josef Albers geprägt und motiviert worden, dieses Gedankengut als kompetenter und engagierter Gestalter in die Welt zu tragen. In Zürich umfasste das Curriculum Naturstudien, Entwerfen, Schwarz-Weiss-Übungen, Farbenlehre, Formenlehre, Farbenübungen, Zeichnen nach Geräten, charakterisierendes Zeichnen, Tierzeichnen, anatomisches Zeichnen, Modellieren, Schriftenschreiben und Schriftenzeichnen, Deutsch, Kunst- und Kulturgeschichte sowie Turnen.[4]

Als Lehrer für technisches Zeichnen angestellt, schreibt Bellmann: «Jeder Schüler, welchen Beruf er später auch ergreift, sollte einen einfachen geometrischen Körper darstellen können.»[5] Seine Aufgabenstellungen gehen aber weit über die darstellende Geometrie hinaus. Neben der Zeichnung von Ellipse, Parabel, Hyperbel, Ei und Schraube sowie der Konstruktion des goldenen Schnitts werden auch Phänomene der Wahrnehmung thematisiert, etwa die Differenz zwischen geometrischem und optischem Quadrat (Letzteres ist etwas schmaler). Auch Lissajous-Figuren stehen auf dem Programm – also Kurvengrafen, die durch die Überlagerung zweier harmonischer, rechtwinklig zueinander stehender Schwingungen entstehen. Die «Körperdurchdringung» ist eine andere Übung, die auch am Bauhaus gemacht wurde. Sie zeigt zeichnerisch oder anhand eines Kartonmodells, «wie weit das plastische Denken entwickelt ist». Unter dem Titel «Formübungen mit den elementarsten Mitteln» malten Bellmanns Schüler einfache Muster mit schwarzer Tusche auf gleichformatige Blätter. Phänomene der Wahrnehmung werden dadurch evident: optisch gleichwertige, dünner werdende oder rhythmisch veränderte schwarze Streifen auf weissem Grund, einfache Schachbrettmuster, Rhombenmuster, die Anordnung von Kreisen auf einer Fläche oder Netzmuster. Bellmann legte Wert auf die «saubere Darstellung des Ergebnisses», kommentierte aber in seinen Unterrichtsunterlagen die ästhetische Qualität dieser «Optical Art» nicht.[6]

Nach zunehmenden Differenzen kündet Bellmann 1955 seine Stelle in Zürich. Drei Jahre später wird er nach Basel berufen und unterrichtet im Vorkurs der Allgemeinen Gewerbeschule. Anders als in Zürich vermittelt er dort auch Wissen über Möbel. So lässt er etwa seine Schüler die Grundmasse für Behältermöbel ermitteln, indem sie alle Haushaltsgegenstände ausmessen und in gezeichnete Schubladen, Schränke und Kommoden füllen. In Basel macht Bellmann dann einen Vorstoss für die Etablierung eines Ausbildungsgangs für Innenarchitektur und Produktgestaltung. Seine Pläne finden jedoch keine Unterstützung und er verlässt die Gewerbeschule 1959. Wie hätte sich wohl ein von einem hochbegabten Gestalter entworfener Ausbildungsgang auf Generationen von Schweizer Designern ausgewirkt?

Mit Hans Bellmann hatten die Vorkursschüler in Zürich und Basel einen begeisterten Anhänger von Albers' Pädagogik zum Lehrer. Vor allem die dreidimensionalen Arbeiten aus Papier oder gebogenem Draht erinnern

Unendliche Spiralen aus gebogenem Draht, 1950, Schülerarbeit aus dem Unterricht von Hans Bellmann im Grundjahr der Kunstgewerbeschule Zürich. Foto Fotoklasse der Kunstgewerbeschule Zürich.

Formübungen «mit elementarsten Mitteln», um 1950, Tusche auf Papier, Format A4, Schülerarbeiten aus dem Unterricht von Hans Bellmann im Grundjahr der Kunstgewerbeschule Zürich.

Hans Bellmann hilft einem Vorkursschüler bei der «sauberen Darstellung» eines Streifenmusters, um 1950. Foto Fotoklasse der Kunstgewerbeschule Zürich.

Schülerarbeiten aus Papier, um 1950. Geprägt von Josef Albers' Bauhaus-Pädagogik führte Hans Bellmann die plastischen Materialübungen in Zürich weiter.
Foto Fotoklasse der Kunstgewerbeschule Zürich.

Rechts Josef Albers und seine Studenten in einer Gruppenkritik am Bauhaus Dessau, 1928/29, Foto Umbo (Otto Umbehr)
Unten Versorgen von Tafelservice, Kaffee-/ Teeservice und Gläsern, 1959, Schülerarbeit aus dem Unterricht von Hans Bellmann im Vorkurs der Allgemeinen Gewerbeschule Basel.

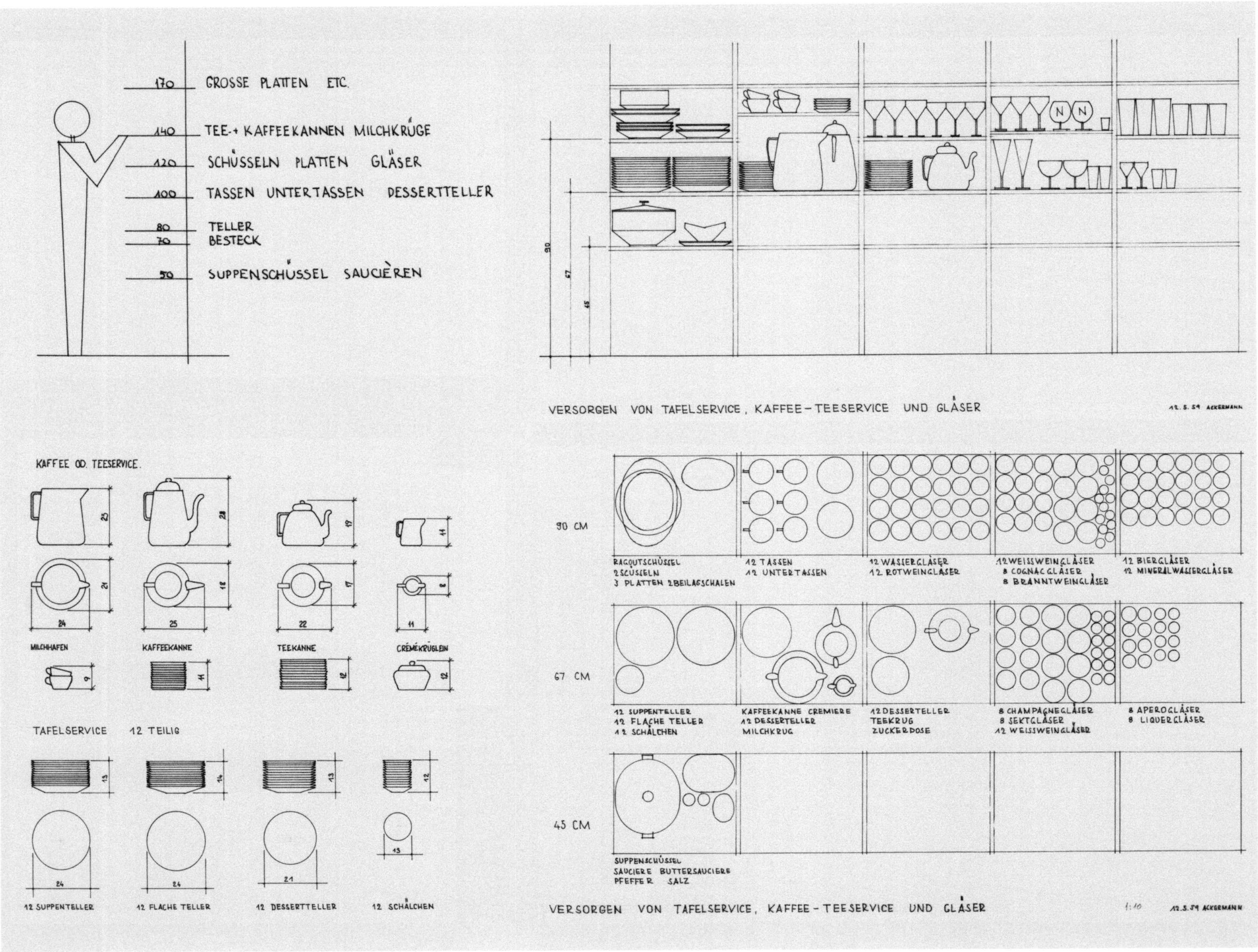

Ausstellung «Design Exhibition 63» in Tokio, 1963, mit Fotos von Schülerarbeiten aus dem Grundjahr der Kunstgewerbeschule Zürich, fotografiert und vermutlich auch kuratiert von Iwao Yamawaki, Leiter der Kunstabteilung des Nihon University College of Arts in Tokio. Yamawaki war Architekt, Bauhausschüler und Fotograf und stand 1963 mit Albers und Bellmann in Kontakt.

an plastische Materialstudien aus Josef Albers' Unterricht. Albers führte seine Bauhaus-Lehre nach 1933 in den USA am Black Mountain College und später in Yale weiter. Bellmann und Albers müssen sich aber bereits am Bauhaus angefreundet haben, denn sie pflegten einen regen und vertraulichen Briefwechsel.[7] Bellmann redet Albers in seinen maschinengeschriebenen Briefen mit «Dear old Gentleman» an und berichtet über seine Lehrtätigkeit und die Schwierigkeiten, seine Visionen in der Schweiz umzusetzen. Albers erwidert die Briefe mit der Anrede «Dear good Boy». Er erteilt Ratschläge, nennt Kontakte in Amerika und Europa, schickt sein Buch «Interaction of Color» und bespricht mit Bellmann Ausstellungen und Publikationen anderer Bauhäusler. Bellmann möchte Albers' Farbenlehre im Zürcher Kunstgewerbemuseum ausstellen, sieht aber in Johannes Itten ein unüberwindbares Hindernis. Er wünscht sich ein Buch über Albers' Werklehre und bekennt: «In der halben Welt wird heute ein Grundkurs erteilt. (...) Kein Grundkurs erreicht die Höhe, welche Sie in Dessau hatten.» 1963 berichtet Bellmann seinem Mentor erfreut über Fotos von Schülerarbeiten aus Japan: «Also ist auch in Japan Ihre Saat aufgegangen.»[8] Zwei Jahre später thematisiert er auch seine eigene Lehre im Zusammenhang mit der gestalterischen Ausbildung an der ETH Zürich: «Professor Hans Ess ist Zeichenlehrer an der ETH und von wem lebt er schon – von Ihnen wie wir alle. Imitation is the nicest form of flattery.»

Renate Menzi
ist Kuratorin der Designsammlung des Museum für Gestaltung Zürich. Ausbildung als visuelle Gestalterin und Studium der Kulturwissenschaft. Sie lehrt, publiziert und forscht im Bereich Design und ist Mitglied der Eidgenössischen Designkommission. Ausstellungen mit Publikationen: *Make up*, 2010; *Freitag – Out of the Bag*, 2012; *100 Jahre Schweizer Design*, 2014 (mit Arthur Rüegg)

Fussnoten

1 Vgl. Lars Müller (Hg.): *Max Bill, Sicht der Dinge. Die gute Form: Eine Ausstellung 1949*, S. 83.

2 Max Bill: *Form. Eine Bilanz über die Formentwicklung um die Mitte des XX. Jahrhunderts*, Basel, 1952, S. 95.

3 Bis heute ist die Vermittlung gestalterischer Grundlagen ein Thema am Propädeutikum der ZHdK: Vgl. Ruedi Wyss (Hg.), Ulrich Binder: *Gestaltung der Grundlagen* – aus dem gestalterischen Propädeutikum der Zürcher Hochschule der Künste, Sulgen 2013.

4 Aus der Broschüre über die vorbereitende Klasse, in der Bellmann auf der Liste der Lehrer steht. Kunstgewerbeschule der Stadt Zürich (undatiert), Museum für Gestaltung und Archiv Zürich ZHdK.

5 Alle Informationen zum Unterricht stammen aus einem Konvolut mit Aufgabenblättern und Schülerarbeiten im Nachlass von Hans Bellmann, Museum für Gestaltung Zürich und Archiv der ZHdK.

6 Im Nachlass von Hans Bellmann befindet sich eine von Albers signierte Ausgabe des Yale Scientific Magazine (Nov. 1965), in der Albers als «Father of Optical Art» bezeichnet wird.

7 In der Designsammlung des Museum für Gestaltung Zürich befindet sich ein Konvolut mit Briefen aus den 1950er- und 1960er-Jahren.

8 Albers bat Bellmann, Kontakt zum ehemaligen Bauhaus-Schüler Iwao Yamawaki aufzunehmen, weil dieser in Japan ein Buchprojekt über die Bauhaus-Lehre mit Fokus auf den Vorkurs plante.

Bildnachweis

S. 97/98, Museum für Gestaltung, Designsammlung, ZHdK, © ZHdK.
S. 99 oben, aus: Wohnbedarf AG Basel, Arthur Rüegg und Ulrich P. Wieser: *Hans Bellmann, Architekt und Industrie-Entwerfer*, Ausstellungskatalog, 1991, © ZHdK.
S. 99, Museum für Gestaltung Zürich, Designsammlung und Archiv, ZHdK, © ZHdK.
S. 100, © The Josef and Anni Albers Foundation/2015, ProLitteris, Zürich.
S. 101, Museum für Gestaltung, Designsammlung, ZHdK, © Makato Yamawaki, Tokio.

HAUS AM GREIFENSEE 1953

Allein auf weiter Flur schuf Hans Bellmann 1953 in Ebmatingen ein modernes Haus als Vorbote der Besiedelung des Zürcher Oberlandes.

Text: Juho Nyberg

In der ersten Hälfte des 20. Jahrhunderts fand die Siedlungsentwicklung der Schweiz in erster Linie entlang der Bahnstrecken statt. Mit dem wirtschaftlichen Boom zum Ende der 1940er-Jahre gewann der individuelle Verkehr an Beliebtheit und Einfluss – und beeinflusste so auch die Siedlungsentwicklung. Der Hügelzug auf der rechten Seite des Zürichsees, der Pfannenstiel, war bereits 1912 mit einer Bahnlinie erschlossen worden. Sie hatte aber keinen bemerkenswerten Einfluss auf die Entwicklung der Gemeinden jener Region.

Seit den Nachkriegsjahren jedoch erfuhr das Gebiet auf dem Pfannenstiel und am Greifensee einen unglaublichen Bevölkerungszuwachs. Die Uferzone des Greifensees wurde schon früh als erhaltenswert erkannt und bereits 1941 mit einer eigenen Verordnung vor allzu weitreichender Bautätigkeit geschützt. Auch deshalb mag sich die Entwicklung weiter hangaufwärts verlagert haben, wenn auch zunächst noch zaghaft. Die landestopografische Karte aus dem Jahr 1956 weist den zu Maur gehörenden Ortsteil Ebmatingen als kleine Siedlung mit wenigen Dutzend Gebäuden aus. In dieser Idylle schuf Hans Bellmann ein bemerkenswertes Haus, das bis zum heutigen Tag erhalten ist.

Ein erstes Werk Bellmanns in dieser Gegend war bereits 1947 mit dem Haus Bertschi im nahen Forch entstanden. Erscheint jenes auf den Bildern mit Giebeldach und Holzfassade trotz klarer, moderner Linien ländlichen Häusern noch verwandt, so stellt das Haus Nievergelt in Ebmatingen nur sechs Jahre später sehr selbstbewusste, moderne Architektur dar.

Der Realisierung vorangegangen ist ein umfangreicher Entwurfsprozess, von dem überlieferte Pläne und Skizzen zeugen. Auf dem länglichen, von Nordosten nach Südwesten verlaufenden Grundstück war aber die Lage des Hauses von Beginn an klar. Auf einem Plateau über dem Greifensee gelegen und den Hügelzug des Pfannenstiels im Rücken, orientiert sich Ebmatingen eher nordöstlich, da das Terrain bereits leicht abzufallen beginnt in Richtung des Sees. Um die Aussicht geniessen zu können, muss man sich also von der Sonne abwenden. Die Setzung des Baukörpers im südlichen Drittel der Parzelle lässt viel Platz für einen wunderbar grosszügigen Garten hangabwärts.

In den ersten Entwürfen aus dem Sommer 1952 teilt ein quer zum Grundstück liegender Baukörper dieses in zwei Teile. Die südwestlich angelegte Zufahrt mündet so in einen aus Haupt- und Nebengebäude geformten, winkelförmigen Hof, wobei die beiden Baukörper nicht direkt aneinander gebaut, sondern durch einen mit leichten Konstruktionen gefassten Hof verbunden sind, der überdacht als Halle vor dem eigentlichen Hauptbau weiterläuft. Die architektonischen Charakteristika des letztlich ausgeführten Baus sind jedoch bereits von Anfang an zu erkennen: Zwei zueinander höhenversetzte Pultdächer des Hauptgebäudes gliedern das äussere Erscheinungsbild des Hauses, ein halboffen gestalteter Hof dient als intimer Aussenraum und vermittelt zugleich zwischen Haupt- und Nebenvolumen.

Die neue Setzung des Gebäudes erarbeitet Bellmann innert rund zweier Monate. Die überarbeitete Fassung des Entwurfs vom Anfang Oktober 1952 setzt sich nach wie vor aus zwei unterschiedlich grossen Baukörpern zusammen, die wiederum durch einen Hof verbunden sind. Im grösseren der beiden Volumen sind alle Wohnräume untergebracht. Die innere Gliederung offenbart sich bereits von aussen durch den Versatz der beiden gegeneinander ansteigenden Pultdächer. Exakt an derselben Stelle werden

Das Haus nahe am Waldrand aus südlicher Richtung gesehen.

kaz 4608

kaz 4607

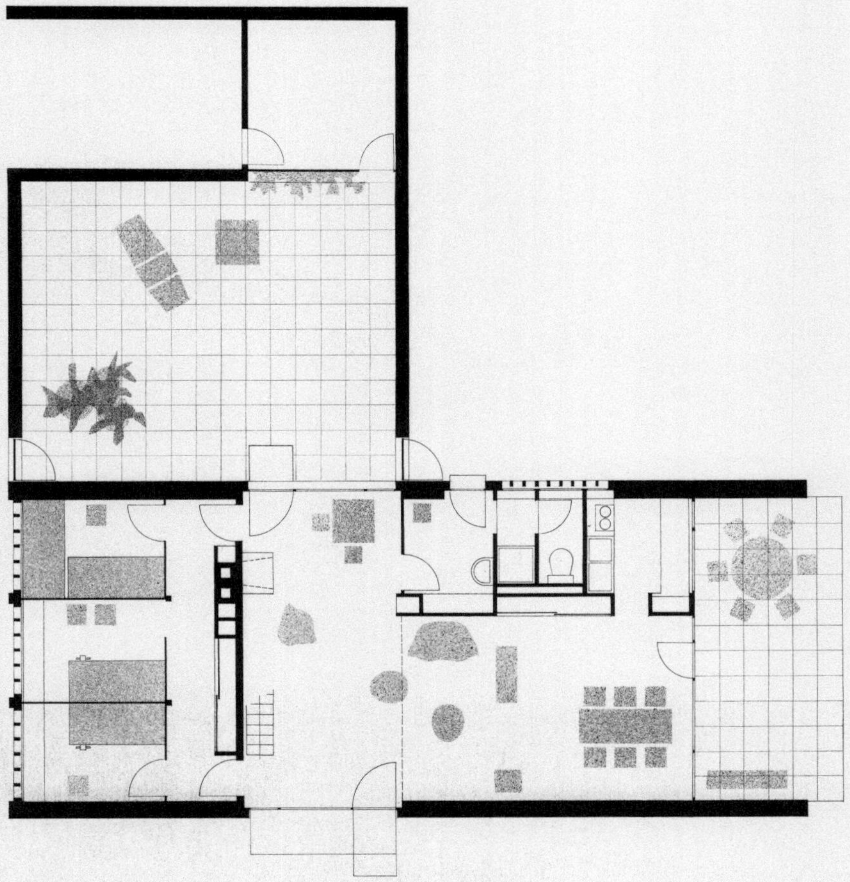

Linke Seite oben Modellfotos aus Südost (vorne) und Süden (hinten) aufgenommen. Foto Hans Hunziker. **Linke Seite unten** Grundriss Erdgeschoss **Oben** Ansicht aus Süden. Unter dem tieferen Pultdach befinden sich die Schlafzimmer, die Oblichter und seitlichen Fenster erhellen den Wohnbereich. Im Hintergrund der nördlich orientierte Essbereich mit Aussicht auf den Greifensee.

die beiden Längsfassaden von je einer zweigeschossigen Verglasung unterbrochen.

Auf der einen Seite ist sie als eindeutige Adresse des Hauses gedacht und auf der anderen Seite vermittelt die Öffnung zum Innenhof, der ansonsten nur durch zwei schmale, fast heimlich anmutende Türen erschlossen ist. Der Hof kann so als Verlängerung des Innenraums gelesen werden, der mit luftiger Treppe und gemauertem Kamin in reizvoller Gegensätzlichkeit möbliert ist. Dahinter verbergen sich drei mönchisch anmutende Schlafzellen. Deren Fenster sind trotz der Lage im Erdgeschoss hoch angesetzt und belichten die Räume wie Oblichtbänder. Darunter befinden sich fest eingebaut zwei knapp bemessene Arbeitsplätze zur Erledigung der Hausaufgaben. Zur Nachtruhe lädt das Etagenbett mit raffinierter Sprossenleiter.

Im Gegensatz zu den minimalistisch-funktionalen Schlafzimmern zeigt sich das Wohnzimmer als weitläufiger, sich nach oben erweiternder Raum, der wiederum die Hauptrichtung des Hauses aufnimmt und über die Terrasse hinweg zum Garten und zur dahinter liegenden Landschaft in Beziehung steht. Das abfallende Pultdach komprimiert den Raum zur Terrasse hin und zwingt dem Besucher so fast scheuklappenartig einen sehr präzise gewählten Ausblick in die Landschaft auf. Zugleich wirft die helle Decke das über die rückwärtig liegenden Oblichter einfallende Licht in den Wohnraum.

Die bereits in der Ausstattung der Kinderzimmer auffällige Detailliertheit setzt sich durch das ganze Haus fort. Bis zur endgültigen Version des Hauses wurden verschiedenste Varianten erprobt, um die ideale Anordnung von Küche, Bädern, Treppe oder Kamin zu finden. Zu guter Letzt sind Fotografien des fertigen, aber noch unmöblierten Hauses durch den Architekten mit freihandgezeichneten Möbeln versehen worden. Die Platzierung in den «Visualisierungen» entspricht selbstverständlich exakt jenen in den Grundrissplänen.

Die Aussenaufnahmen des fertigen Hauses zeigen es allein auf weiter Flur – noch keine Spur von den Einfamilienhaussiedlungen, die mittlerweile die ganze gegenüberliegende Strassenseite in Beschlag genommen haben. Bereits 1953 bei der Fertigstellung ist das Haus Nievergelt ein wenig verdeckt von Bäumen und Büschen. Heute grenzt eine riesige Hecke entlang der Strasse das gesamte Grundstück ab und hält das Haus wie ein gut gehütetes Geheimnis hinter sich versteckt. Das Versprechen, dass die Besiedelung ländlicher Landstriche auch mit guter moderner Architektur, wie dem Entwurf Bellmanns, gelingen könnte, hat sich bisher nicht bewahrheitet. Um so schöner ist, dass sich dieser bemerkenswerte Zeuge bis heute erhalten hat.

Juho Nyberg
ist selbstständiger Architekt in Zürich. Nebenberuflich setzt er sich als freischaffender Journalist und als Redaktionsmitglied von swiss-architects.com mit Architektur auseinander.

Bildnachweis
Fotos und Zeichnungen: Hans Bellmann, Haus Nievergelt 1953, Fotograf unbekannt, Museum für Gestaltung Zürich, Designsammlung und Archiv ZHdK, © ZHdK.

Oben Ansicht aus Süden. **Unten links** An den seitlichen Fenstern ist der zweigeschossige Wohnbereich ablesbar. **Unten rechts** Ein grosser Kamin steht zwischen Wohnbereich und Eingangshalle.

Die Galerie des zweigeschossigen Wohnraums ist mit einem luftigen Netz anstelle eines üblichen Geländers versehen.

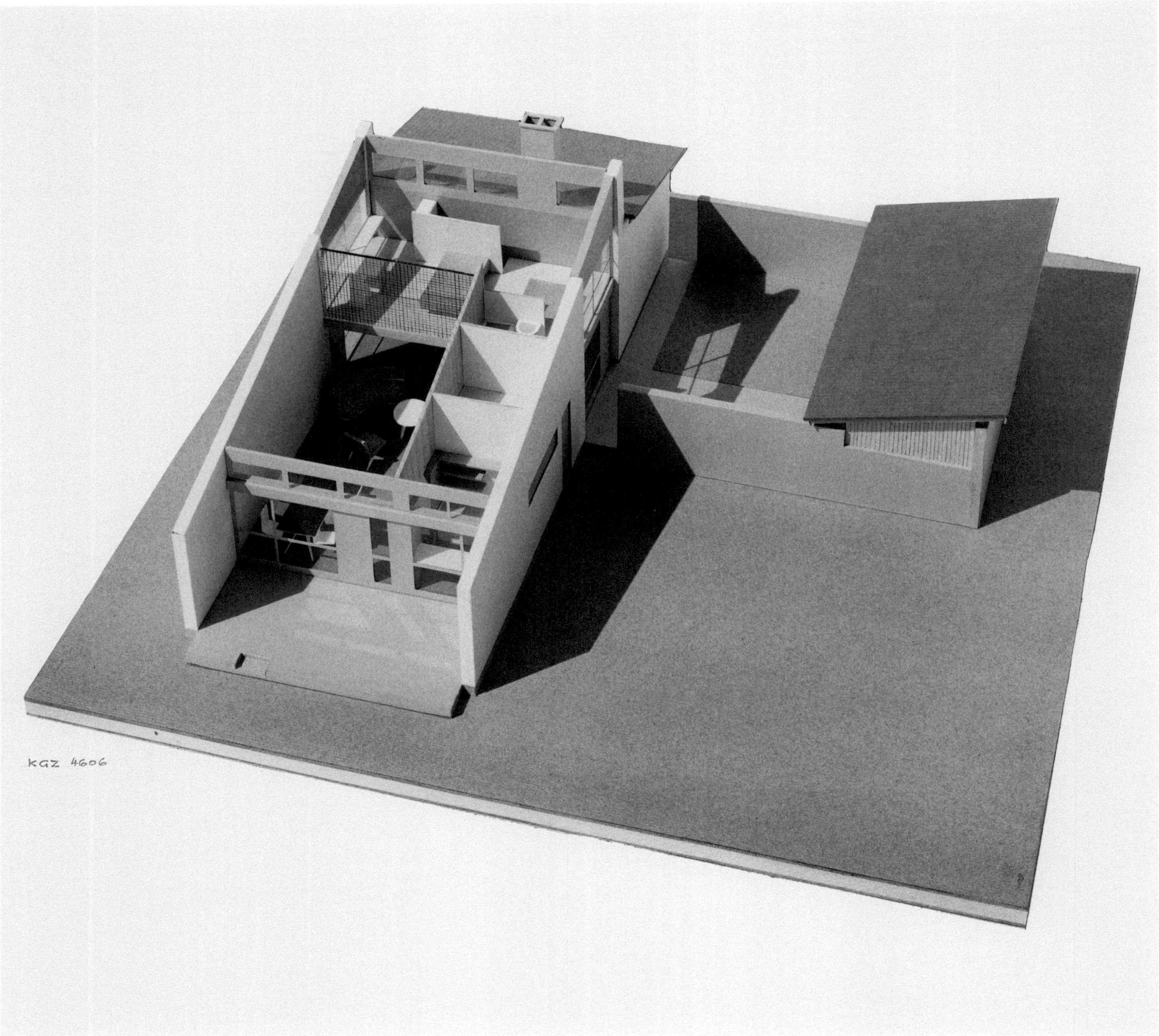

Modellfoto mit abgenommenem Dach. Die Innenräume sind mit Möbelmodellen von Hans Bellmann ausgestattet. Anstelle der Sitwell- Kollektion wurden die Möbel der ersten Kollektion für den Wohnbedarf eingesetzt. Foto Hans Hunziker.

Oben Innenansicht vom Wohn- in Richtung Essbereich. Hinter dem grossen Schiebetürschrank befindet sich die Küche. Bei guter Wetterlage geben die Fenster den Blick auf den Greifensee frei. **Unten** Innenansicht mit den einseitig an Zugstangen abgehängten Treppenstufen und dem Blick in Richtung Süden zum nahen Wald.

SITWELL-PROSPEKT

Zwischen 1955 und 1961 entwarf Hans Bellmann für die Firma Strässle Söhne AG in Kirchberg SG die Sitwell-Kollektion. Dabei entstanden die ersten industriell hergestellten glasfaserverstärkten Polyester-Sitzschalen in Europa.

Text: Joan Billing & Samuel Eberli

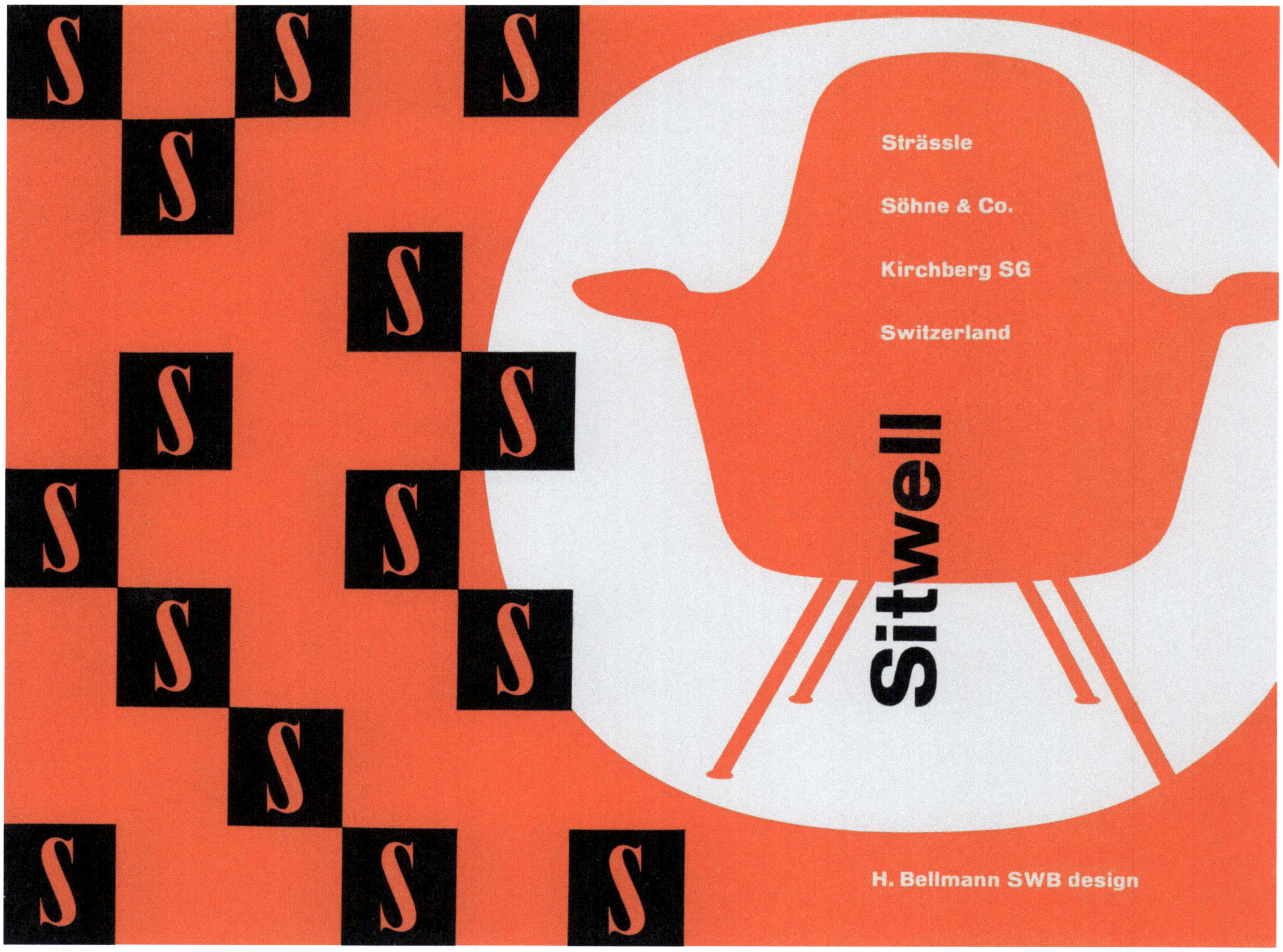

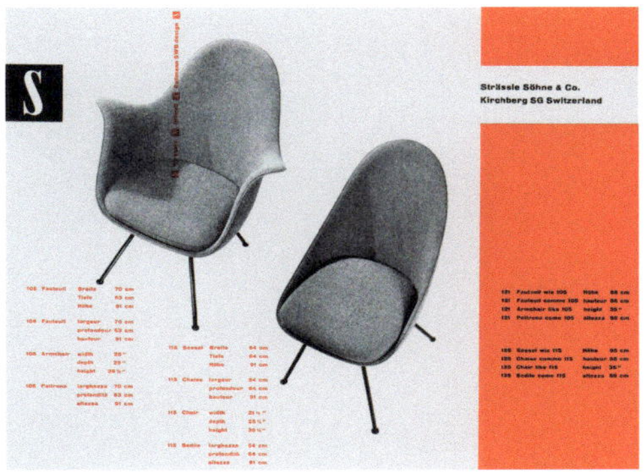

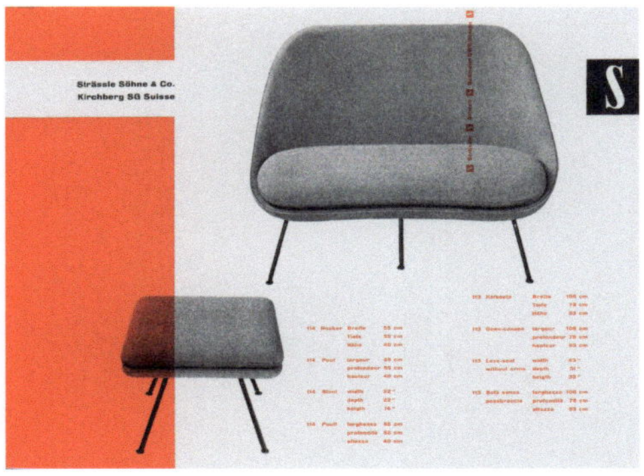

Die Prospekte und Kataloge der Sitwell-Kollektion bei der Firma Strässle Söhne AG wurden von Eugen und Max Lenz, SWB VSG, gestaltet.

Hans Bellmann mit einer Grundform in Gips für die Sitzschalen der Sitwell-Kollektion. In mehreren Schritten konnte so eine Annäherung an die ideale Form vorgenommen werden.
Fotograf unbekannt, Archiv Rosmarie Bellmann, Wiggwil.

In die fertiggestellten Gipsformen wurde das neu entwickelte Stracolite, ein von der Firma Strässle Söhne AG entwickeltes glasfaserverstärktes Material auf Polyesterbasis, eingebracht.
Links Für die grösseren Formen der Sofas mussten mehrere Einzelteile zusammengesetzt werden.
Fotograf unbekannt, Archiv Rosmarie Bellmann, Wiggwil.

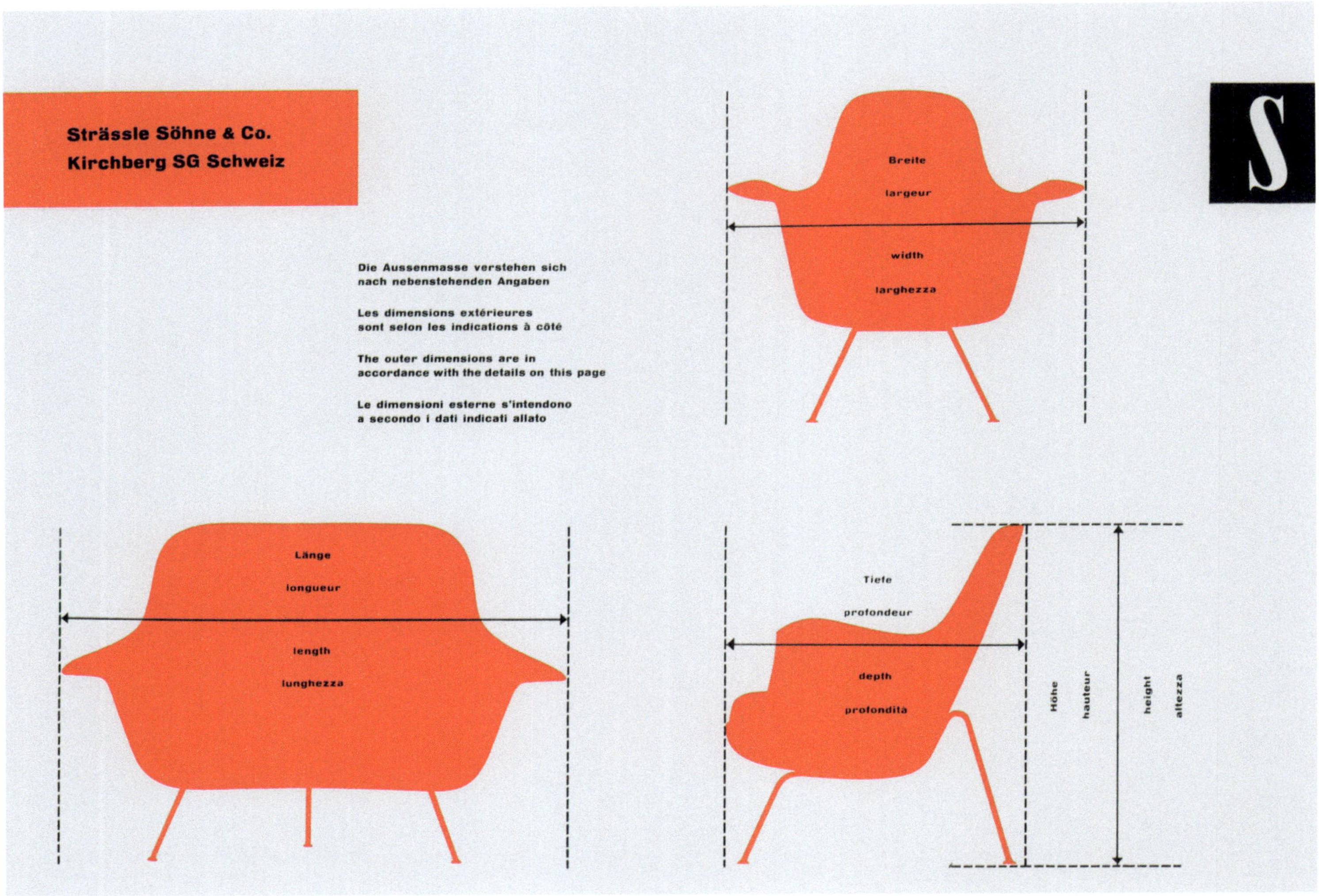

Mit einheitlichem grafischen Auftritt von Eugen und Max Lenz, SWB VSG, wurde die Sitwell-Kollektion beworben.

S
Strässle Söhne & Co.
Kirchberg SG Suisse
101 Fauteuil
101 Fauteuil
101 Armchair
101 Poltrona

S
Strässle
Sitwell
Hans Bellmann SWB design
117 Office chair

Revolving and springy
office chair,
adjustable in height without gradiation.
Strässle Söhne & Co. Kirchberg SG Switzerland
107 Office armchair

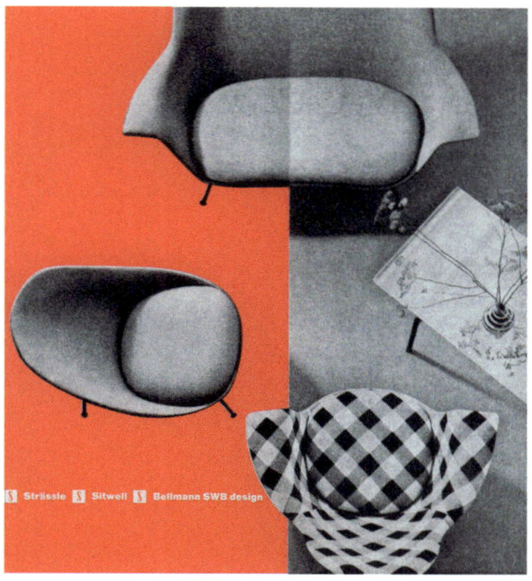
Strässle
Sitwell
Bellmann SWB design

«WEG VOM BODEN!»

Auch für ein Publikum, das kein artikuliertes Interesse an fortschrittlicher Gestaltung hatte, wirkten Bellmanns Arbeiten dank ihrer Formensprache als Botenstoffe für ein neuzeitliches Leben.

Text: Claude Lichtenstein

Das charaktervolle und die Epoche prägende Modell 101 der Sitwell-Kollektion von Strässle Söhne AG, Kirchberg SG. Foto Max Buchmann.

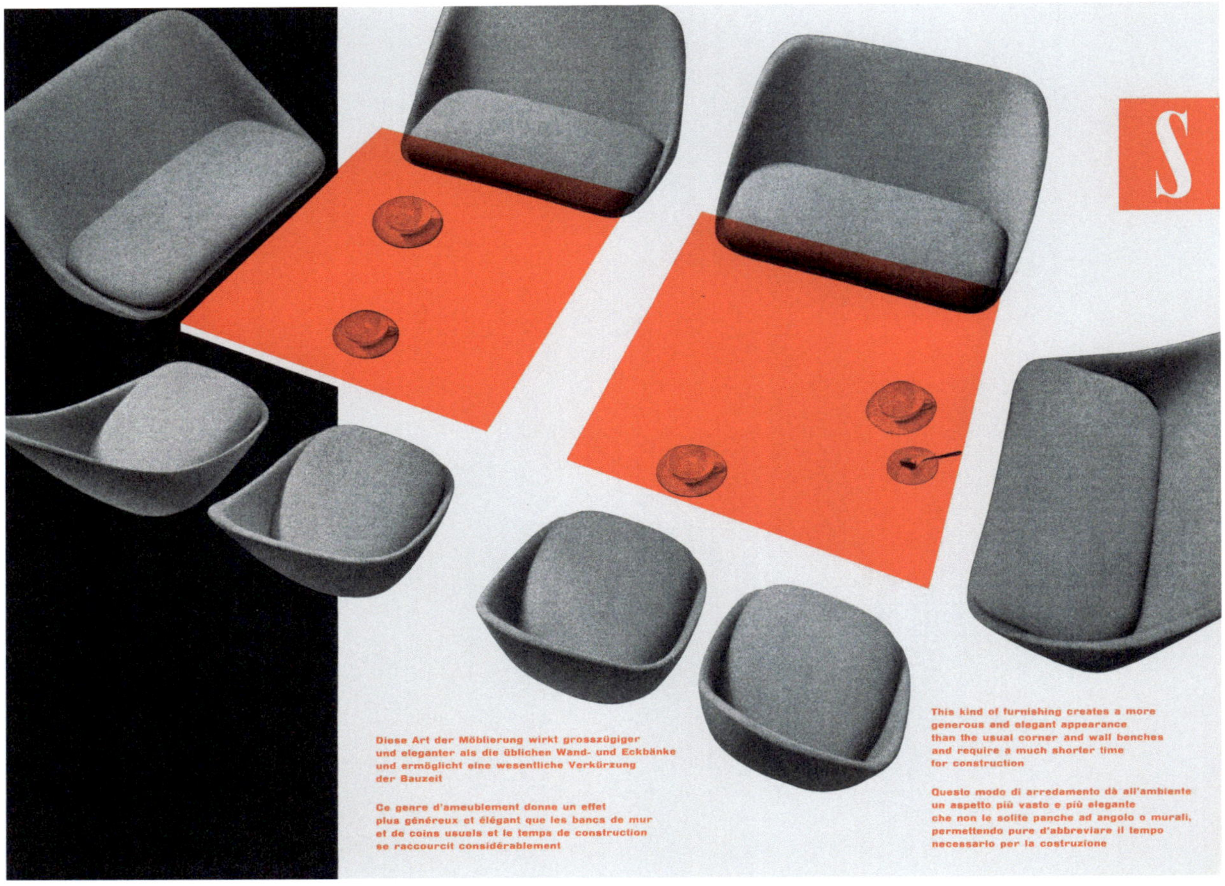

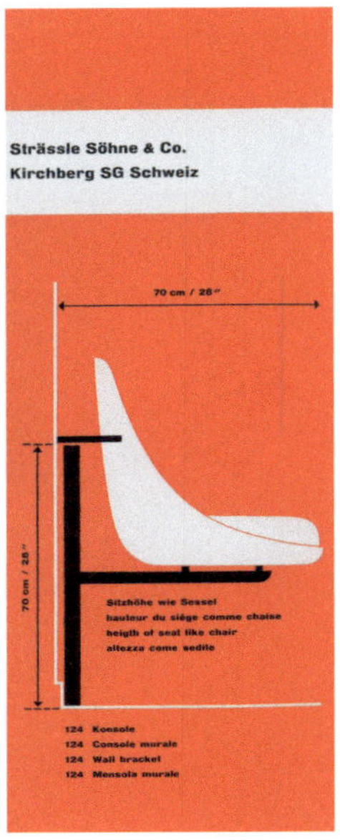

Produkteblatt der Sitwell-Kollektion mit Sesseln und Sofas, die mit einer Konsole als Untergestell an die Wand montiert werden konnten.

Die Zeitspanne, in der Bellmanns Werk als Möbel- und Industriedesigner entstand, beschränkt sich auf wenige Jahre. Aus der Zeit vor 1944 kennen wir nichts, und nach 1960 entstanden nur mehr wenige Entwürfe. Von diesen anderthalb Jahrzehnten – den Jahren zwischen seinem dreiunddreissigsten und dem fünfzigsten Lebensjahr – sind die zehn Jahre zwischen 1946 und 1956 besonders rasant und an Vielfalt und vielleicht auch an Qualität die fruchtbarsten. Bellmann entwarf in dieser Zeit Möbel der verschiedensten Kategorien: Sitzmöbel, Tische, Aufbewahrungsmöbel und Industrial Design (Waschtisch, Sanitärarmatur). Als Architekt baute er zwei Einrichtungsgeschäfte um und realisierte mehrere Einfamilienhäuser. Im darauf folgenden Zeitabschnitt bis 1963 verlangsamte sich die Entwurfskadenz und nach 1968 entfaltete sich Bellmanns Aktivität vor allem im entwerferischen Selbstgespräch der sukzessiven Umgestaltung seines alten Bauernhauses in Wiggwil. Bellmann sagte von sich, er habe «zu 70 Prozent für den Papierkorb gearbeitet»[1]. Gilt dies vielleicht insbesondere für die späteren Jahre? Sein aufbrausendes und undiplomatisches Naturell wird ihm die Karriere jedenfalls nicht gerade erleichtert haben.

Sein Design-Erstling, der Kolonialtisch von 1944, blieb in seinem Œuvre ein Einzelfall und gehört in seiner beabsichtigten Elementarität in die Kategorie der Aperçus. Drei gedrechselte, durch Achsen gelenkig verbundene Beine werden durch je eine Bohrung im runden Tischblatt gesteckt – fertig! Es war dies die Übertragung eines faltbaren Hockers in eine andere Möbelkategorie und in seinen eigenen Worten «der Einfall einer Minute»[2]. So radikal vereinfachend war Bellmann danach höchstens noch im privaten Bereich, und auch da nur selten.

Der vorliegende Text will eine Einschätzung von Bellmanns Formensprache vornehmen. Dies im Bewusstsein, dass das ein nicht unproblematisches Unterfangen ist, da zwischen Formen, Werkstoffen und Herstellungsmethoden Beziehungen bestehen, die fast immer – oder zumindest dort, wo Design als ernstzunehmende Disziplin betrieben wird – nur in ihrer Gesamtheit einen Gegenstand konstituieren. Wie verhalten sie sich im Fall von Hans Bellmann zueinander? Ordnet er der Form die anderen beiden Faktoren unter? Oder gibt es den Fall, dass die Herstellungsmethode das generierende Element ist? Oder das Material? Ist es vielleicht mal so, mal anders?

So viel vorweg: In ihrem formalen Ausdruck bewegen sich Bellmanns Entwürfe nahe am modernen Zeitstil der Epoche. Und was die Schweiz betrifft, hat Bellmann sehr wesentlich zu diesem Zeitstil beigetragen. «Entwurf: Hans Bellmann SWB» war ein Absender, der den Gestalter verhältnismässig früh, oft und auffallend prominent als Autor nannte und seinen Namen rasch zum Begriff werden liess.

Bellmanns gestalterische Haltung lässt sich mit einem Detail aus dem Industrial Design illustrieren: 1959 entwa rf er für die Elektroapparatefabrik Therma AG den Handgriff zum neuen Heizstrahler «Butterfly», einem Entwurf des Therma-Direktors Hans Hilfiker. Dieser Griff war mit seiner plastisch artikulierten Form ein starker Ausdruck dessen, was auch das unkundige Publikum instinktiv unter «modern« verstand (oder vielleicht auch «neumodisch», wie das populärere Wort dafür lautete). Dass die Griff-Enden sich nach oben und unten verbreitern, ist funktional gedacht (Schutz der Finger vor Berührung mit den heissen Flächen), aber dass sie schräg überhängend abgeschnitten sind, kann als «formaler Überschuss« bezeichnet werden. Das ist kein Einzelfall. Die Gebrauchsfunktion paart sich bei Bellmann mit dem Bedürfnis nach einem kraftvollen und modernen Ausdruck. Bellmann kann von sich behaupten – was nur auf wenige Designer zutrifft –, dass seine Entwürfe den Weg auch in die Wohnungen

Dreh- und höhenverstellbarer Sessel
Sitwell-Bürofauteuil Nr. 117 mit Armlehnen.

von Menschen fanden, die sie ungefragt bekamen und damit wohl sehr zufrieden waren. So war es mit dem Butterfly-Handgriff, und so war es auch mit dem Lavabo Carina und den Badezimmerarmaturen von Sabez. So wäre es vielleicht auch mit seinem Telefonentwurf gewesen, den er aus Anlass der Expo 64 (Schweizerische Landesausstellung in Lausanne) schuf, der aber nicht in Produktion ging und von dem es keine Bilder mehr gibt. Auch für ein Publikum, das kein artikuliertes Interesse an avancierter Gestaltung hatte, wirkten seine Arbeiten dank ihrer Formensprache als Boten eines neuzeitlichen Lebens.

Das Leben führte Hans Bellmann konsequent an die Tatorte, wo dezidiert modern gedacht und gehandelt wurde: ans Bauhaus nach Dessau und Berlin, zu Mies van der Rohe und Lilly Reich und ab 1934 dann in die Architekturbüros von Hans Brechbühler in Bern, zu Rino Tami in Bellinzona, zur Firma Wohnbedarf in Zürich bzw. Basel, zu Godhard von Heydebrand in Bern. «Dezidiert modern» versteht sich immer auch als ein kulturelles Statement der Abgrenzung gegenüber dem Mainstream der «Fü-Bü», wie der verschämt-boshafte Ausdruck (für Füdlibürger, gleich Spiesser) lautete.

Vor dem Zweiten Weltkrieg waren die Möbel meistens auf den Boden bezogen und üblicherweise den Wänden entlang und in Raumecken angeordnet. Dies gilt auch für die Möbel der damaligen Avantgarde. Nach dem Krieg wurde diese Selbstverständlichkeit in Frage gestellt, und Bellmann war einer von denen, die das am frühesten und am deutlichsten taten. Natürlich stehen seine Möbel noch immer auf dem Boden, doch im Ausdruck bewegen sie sich fast ausnahmslos vom Boden weg (und weg von den Wänden): Sitzschalen balancieren auf schlanken und sich nach oben verjüngenden Untergestellen, allseits in den Raum ausgreifende Tischplatten legen eine Parallelebene zum Fussboden, selbst Regale und Aufbewahrungsmöbel recken sich in die Höhe, heben deckenwärts ab und suchen so den Boden als einzig zählende Referenzebene zu leugnen. Fast scheint es, als ob sich in seinen Entwürfen die damalige Faszination für die Aviatik auch im Bereich der Wohnungseinrichtung manifestierte.

Bellmanns Interesse, das Möbel leicht und elegant erscheinen zu lassen, tritt bereits in seinen frühen Arbeiten zutage. Was er darunter verstand und wie er dieses Ziel anstrebte, veränderte sich im Lauf der Jahre – nicht zuletzt dank des Auftretens neuer Materialien. Seine ersten Sitzmöbel für Wohnbedarf (1946) waren noch weitgehend eine vorsichtig-beschwingte Variante zum gutschweizerischen «common sense» einer nichtradikalen zeitgenössischen Behaglichkeit. Sie wiesen hölzerne Traggestelle und eine konventionelle Polsterung auf, wobei die Armlehnsessel nuanciert modelliert waren und das Sofa sich mit seiner starken Krümmung und durch das Fehlen von Armlehnen klar vom verbreiteten Mustertyp unterschied. Sie standen alle leicht im Raum. Doch interessanterweise waren es nicht – wie man es erwarten würde – Sitzmöbel, anhand welcher Bellmann die Tendenz zum Schwebenden (oder genauer: zum Abheben) zuerst sichtbar machte, sondern die Tische und das Spannstützenregal. Mit Stühlen machten das in jener Zeit fast alle: Eames, Guhl, Saarinen, Bill, Prouvé, Knoll – und später dann, ab 1952, auch Bellmann. Aber dass sich bei einem Esstisch die Beine nicht lotrecht in der Nähe der Ecken befinden, sondern sich korbartig auffächern, ist 1946 neu. Wie kam er auf diese Idee? Handelt es sich vielleicht um seine eigene Uminterpretation des Kolonialtischs? Denn statt wie 1944 die Füsse einander überkreuzen zu lassen, verbindet er nun beim zerlegbaren Tisch die Teile anders und kommt zu den horizontal gedrehten V-förmigen Trägern, die beim runden Modell in einem Knotenpunkt aus Metall eingehakt und beim rechteckigen Modell mit einer Traverse verbunden wurden. Diese Verriegelung bzw. Verbindung entspricht jener, die Bellmann zuvor bei der patentierten

Oben Sessel mit Öffnungen in der Rückenlehne als Version zum Modell des kleinen Fauteuils Modell 115 mit einfachem Untergestell (nicht in Produktion gegangen). **Unten links** Sitwell, grosser Fauteuil Modell 101, Rückansicht. Das Untergestell zeigt die charakteristische zentrale Befestigung der Sitzschale. **Unten rechts** Sessel Modell 115 mit einem Untergestell wie beim grossen Fauteuil. Fotos Max Buchmann.

Zur Sitwell-Kollektion gehörten auch runde und rechteckige Salontische, zeitgemäss mit schweren Glasplatten versehen. Das Untergestell ist aus lackiertem Stahlrohr.

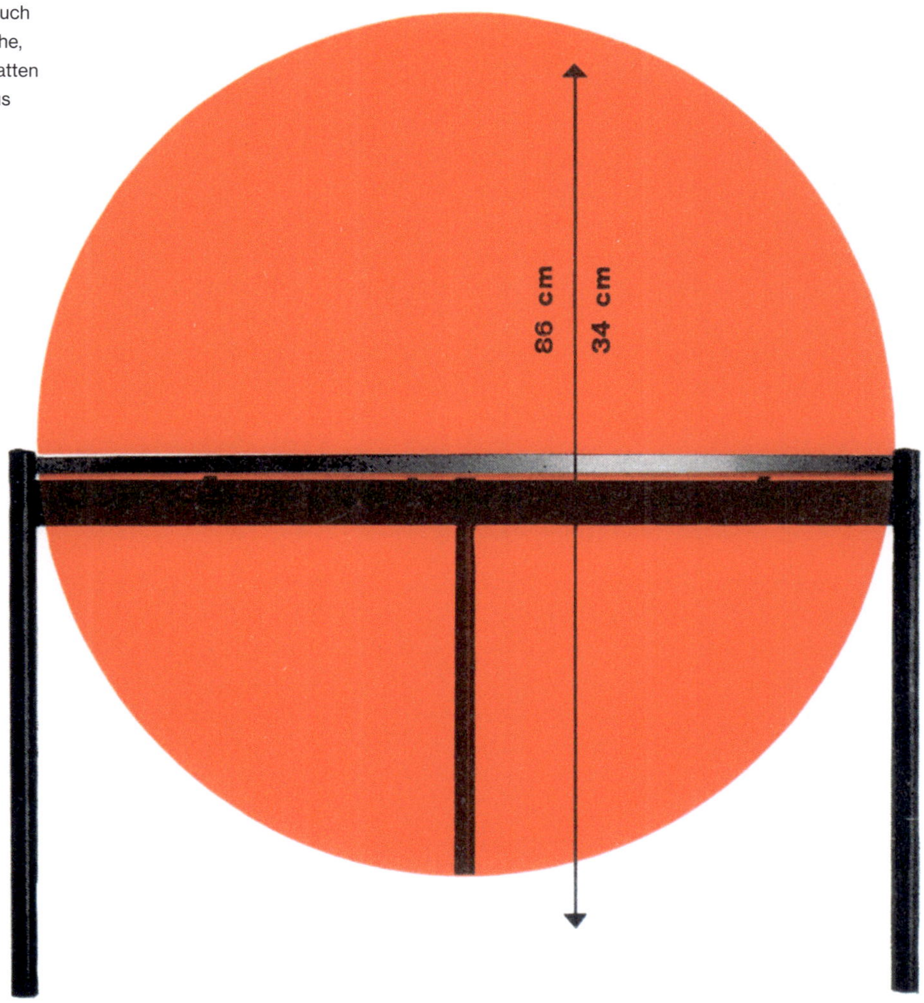

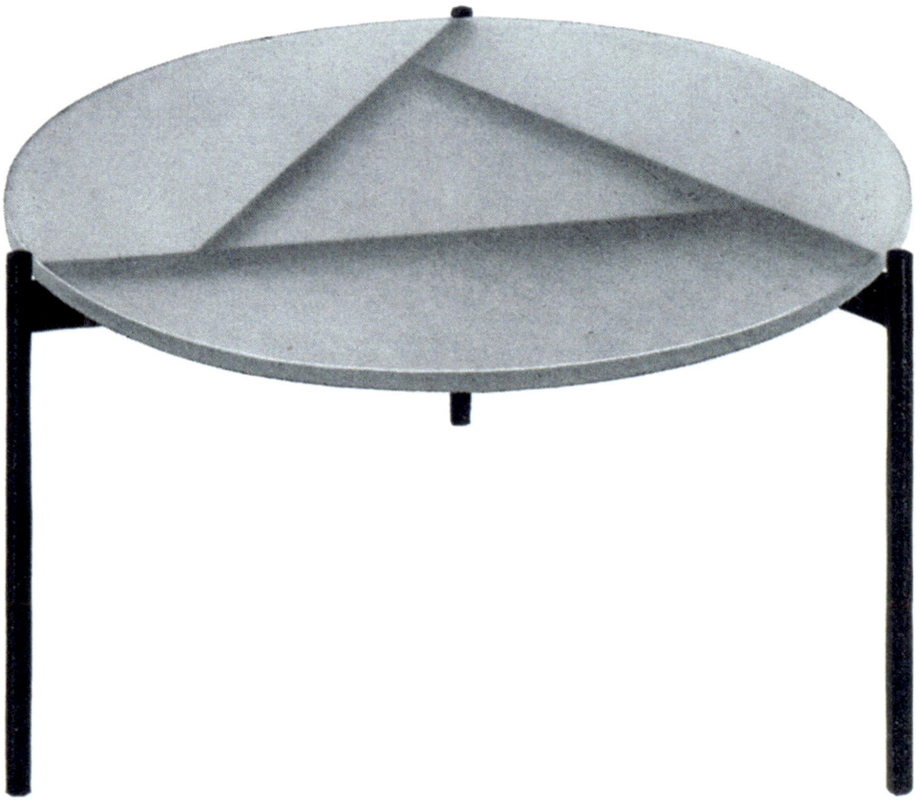

Stellwand für die Firma Embru entwickelt hatte. (Ja, die Stellwände, auf denen seit vielen Jahrzehnten nicht zuletzt an schweizerischen Architekturschulen die Entwürfe präsentiert werden und die auch in vielen Volkschulhäusern stehen, sind ein Entwurf von Hans Bellmann![3]) Das Tischblatt wird vom Untergestell getragen wie das Tablett von den gespreizten Fingern des Kellners. Ist diese Form funktional sinnvoll und konstruktiv begründet? Nur bedingt, denn zwar kann man so in der Nähe der Ecke Personen platzieren, aber dafür gerät die Schräge des Untergestells leicht mit den Beinen der Sitzenden in Konflikt. Und diese Lösung erzeugt erhebliche Spannungen in den Leimfugen der Träger. Aber sie ist plastisch expressiv, ähnlich einem Tragwerk von Nervi oder Riccardo Morandi. Bellmanns Nachkriegsmoderne überwindet im Takt mit allen anderen Exponenten der Gestaltung den programmatischen Funktionalismus der Vorkriegszeit. Bellmann ist unter den Taktgebern, und er tut das in schweizerischen Verhältnissen formbetonter als seine Kollegen. Die bisweilen fast subversiven Anklänge an die Tradition, die es etwa bei Max Bill immer wieder gibt, fehlen bei Bellmann, dessen Modernität eigentlich «geschichtslos» ist, die einen stärkeren stilistischen Anteil hat und deshalb ostentativer wirkt. Die für Wohnbedarf entwickelten Tische in runden und rechteckigen Ausführungen waren so eigenständig, dass sie ab 1948 von Knoll International in den USA in Lizenz gefertigt wurden. In deren Katalogen ist ihr Urheber übrigens durch die Schreibweise Bellman klangecht internationalisiert.[4]

Bellmanns Spannstützenregal steht für eine noch heute besonders grundsätzliche und damals neuartige Idee: ein Regalsystem, das sich durch Einspannen zwischen Fussboden und Decke auch frei im Raum aufstellen lässt und dabei dank höhenverstellbarer Tablare und einzuhängender Schrankelemente sehr weitgehend individualisierbar war. Es ist dies eine weitere Verkörperung von Bellmanns Parole «Weg vom Boden!»[5] Es ist aber auch ein Zeugnis für Bellmanns Wunsch, die Möbel möglichst elegant zu machen; dies geschah in diesem Fall durch die verjüngten Querschnitte der Tragstützen oben und unten. Die beträchtlichen Lasten einer Bibliothek führten dabei mit den Jahren bisweilen zu Verformungen der Stützen, deren dramatische Folgen man sich ausmalen kann. Eine kräftigere Variante des Regals für den deutschen Hersteller Domus behob diese Gefahr, allerdings um den Preis einer behäbigeren Wirkung nicht nur durch das dunklere Holz, sondern auch in der Form. Das Konzept des Spannstützenregals wurde von Bellmann für das Berner Einrichtungsgeschäft Godhard von Heydebrand modifiziert, indem modulare Wandschrankelemente zwischen schlanken und bis zur Decke reichenden Metallstützen eingehängt waren. («Modular» übrigens im doppelten Sinn insofern, als die Behältnisse auch nach Le Corbusiers Modulor-Masssystem dimensioniert waren.)

Abgefaste Kanten, schräg abgeschnittene Holme, sich verjüngende Querschnitte an Griffleisten, Tischbeinen und Stuhlfüssen sind Bellmanns Arbeiten seit je eigen. Bereits die frühen Schrankelemente für Wohnbedarf wiesen an den Schiebetüren formal verfeinerte – trapezförmige und facettierte – Griffleisten auf. In solchen Details zeigt sich, wie sich Bellmann von den früheren Prägungen durch das Bauhaus emanzipierte (wobei er mit dieser Absicht keineswegs allein war). Die Wohnbedarf-Lättlicouch wies einen zweiteiligen Tragrost auf: Der Lattenrost war etwas breiter als der Längsrahmen mit den Kopf- bzw. Fussteilen. Statisch wirkten die beiden vermutlich zusammen, was die Querschnitte der einzelnen Elemente reduzierte und wie eine in der Konstruktion begründete Profilierung wirkte; die schwarz gebeizten Füsse und die feine Linienführung der kopf- und fussseitigen Matratzenhalter verstärkten gekonnt den beabsichtigten Effekt der «leichten Erscheinung».

Erstmals verwendet Bellmann beim Einpunkt-Stuhl für Horgenglarus 1952 ein Gestell aus Metall (mit kreuzweise mit einer Nabe verschweissten Füssen) wobei die Formsperrholzschale durch einen münzgrossen Teller auf der Oberseite und vier Distanznocken auf dem Gestell eingespannt wird. Dieser Konstruktion liegt das Prinzip der Vorspannung zugrunde, ein Prinzip, das bei Bellmann immer wieder zum Tragen kam (und das auch als gemeinsame Faszination in seiner Freundschaft mit Josef Albers eine Rolle gespielt haben könnte). Bellmann erwähnte, wie er auf die Idee zu dieser Konstruktion kam: Er war in Zürich im Tram während der Stosszeit unterwegs und sah durchs Fenster einen Autogepäckträger, dessen Füsse in Rondellen endeten, die auf dem Autodach nur auflagen; die Befestigung des Trägers erfolgte durch Spannglieder, die sich seitlich um die Regenrinnen legten. Dieses Interesse für die Polarität von Zug- und Druckelementen zeigt sich bei Bellmann wiederholt.

Sein Stuhl für Horgenglarus wurde sofort zu einer Ikone der modernen Schweizer Wohnkultur. Er drängte die Vorkriegsmodelle von Haefeli und Moser in den Hintergrund und war kommerziell erfolgreicher als der gleichzeitige Kreuzzargenstuhl von Max Bill, wohl weil er «neumodischer» war. Die einteilige, sich nach oben verjüngende schichtverleimte Holzschale mit ihrem charakteristischen Kontrastmittel, der um 180 Grad gedrehten Gegenform der gross dimensionierten Grifföffnung, vermittelte auch einem unkundigen Publikum, was mit dem Prädikat «modern» gemeint sein musste.

Dass Bellmanns Einpunkt-Stuhl zeitlich eng mit Max Bills Kreuzzargenstuhl für denselben Hersteller zusammenfällt, ist Anlass für Spekulationen. Zwei so wichtige Stühle, fast gleichzeitig entwickelt und auf den Markt gebracht, können zunächst als ein Zeichen für die Vitalität einer Zeit gelten. Zwischen Bellmann und Bill entspann sich eine Kontroverse über die Priorität – allerdings nicht zwischen diesen beiden erwähnten Modellen, sondern zwischen Bellmanns Einpunkt-Stuhl und dem stapelbaren Schalenstuhl, den Bill erstmals anlässlich der Mailänder Triennale 1951 einsetzte. Bellmann warf Bill vor, die für den Einpunkt-Stuhl entwickelte Pressform für seinen Stuhl zweckentfremdet zu haben. Ein aufmerksamer Vergleich zeigt indessen, dass die Profillinien – und wohl auch die Horizontalschnitte – der beiden Möbel sich unterscheiden. Wichtiger scheint mir hingegen die typologische Verwandtschaft zwischen Bellmanns Einpunkt- und Bills Kreuzzargenstuhl zu sein, nämlich die Konfiguration der diagonal miteinander verbundenen Füsse. Wer sich von wem inspirieren liess, und ob es sich um eine bewusste Übertragung vom einen ins andere Material handelt (Holzleisten und Metallrohr), oder ob die beiden Lösungen zufällig so nahe beisammen liegen, lässt sich heute kaum mehr entscheiden. Die strukturelle Affinität als solche ist das Bemerkenswerte. Im formalen Ausdruck unterscheiden sich Bellmann und Bill hingegen deutlich. Bill bewahrt eine unverkennbare Nähe zur Tradition und die unbezweifelbare Eleganz auch seines Entwurfs ist kerniger als diejenige Bellmanns.[6]

Hinsichtlich der Gesamterscheinung ist auch das Handwaschbecken Carina (für Sabez, Sanitärbedarf Zürich) ein wichtiger Bellmann-Entwurf. Es ist mit seinen knappen Umrissen aus der gekonnten Verbindung von Geraden und Kurven, mit den sicher miteinander verbundenen Radien und mit seiner Muschelform kompakt und funktionell. Es verzichtet auf den üppigen Glamour wie auch auf die Biederkeit anderer Sanitärapparate, weist eine geringe Wandstärke und besonders schlanke Randwülste auf, verbindet also ein knappes Aussen- mit einem geräumigen Innenvolumen. Die Schüssel ist strömungstechnisch geschickt gestaltet, sodass Aufprallgeräusche des Wasserstrahls und Spritzer vermieden werden. Der nach innen überhängende Rand der Schüssel verhindert ein Überschwappen des Wassers, feine äussere Aufbordungen an der Oberseite seitliches Herunterrinnen. Die organisch aus dem Becken modellierten seitlichen Dreiecke der Konsolen gewährleisten eine sichere und diskrete Wandbefestigung und dienen darüber hinaus als Befestigungspunkte für die Handtuchhalter.

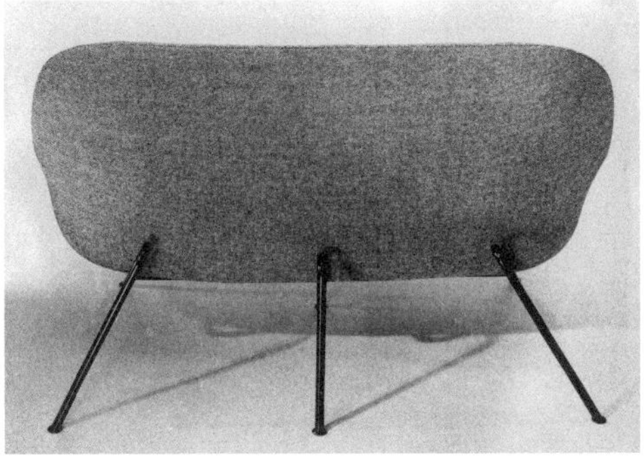

Links oben und unten Das Modell 101 der Sitwell-Kollektion von der Seite. Der aufwendig vernähte Textilbezug wurde direkt auf das Polster geleimt.
Rechts Das Zweiersofa Modell 123 mit drei Fusspaaren.
Fotos Max Buchmann.

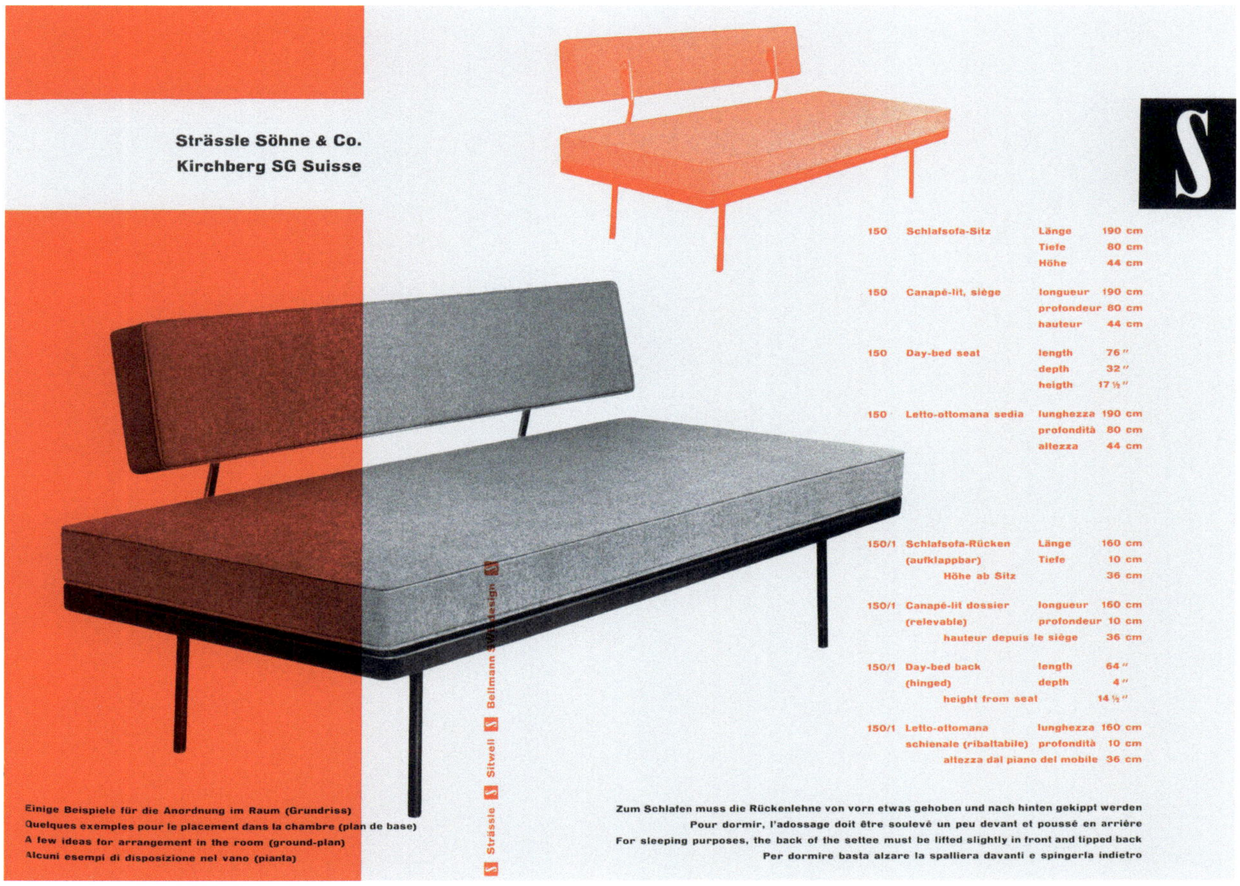

Zur Sitwell-Linie gehörte auch ein eher streng rechtwinkliges Schlafsofa Modell 150. Die Rückenlehne konnte ausgehängt und gewendet werden, wodurch sich die Liegefläche verbreiterte.

Mit dieser auffallend neuen, schlanken und mit sicherer Hand modellierten Form des Handwaschbeckens Carina ging Bellmann zur Firma Strässle Söhne & Co. in Kirchberg (Toggenburg SG), um eine Kollektion von neuen Sitzmöbeln mit analogen formalen Merkmalen aus neuen Materialien anzuregen. So entstand in enger Zusammenarbeit mit dem Juniorchef der Firma, dem promovierten Ökonomen Alex Strässle, zwischen 1955 und 1961 die wachsende Sitwell-Kollektion, deren Modellfamilie dem Namen Strässle Söhne & Co. ein fortschrittliches Profil verlieh.

Damit bot Strässle zusätzlich zu den bis dahin üblichen Polstermöbeln (mit hölzernem Chassis, verschnürter Federung, Rosshaarfüllung und kapitonierten Polsterbezügen) ein alternatives Programm an und konnte ein neues, wahrscheinlich jüngeres Publikum für Sitzmöbel auf der Basis von Kunststoffschalen ansprechen. Das Sitwell-Programm wurde im Lauf der Jahre sogar bis auf verstellbare Liegen, Bettsofas und Ablagen ausgeweitet, die – im Gegensatz zu den hier behandelten Sitzmöbeln – in der Rechtwinkligkeit verblieben. Bereits der englische Name war ein für schweizerische Verhältnisse noch eher ungewohntes Statement: Man reklamierte damit Weltläufigkeit und nahm auch Mass an international etablierten Firmen wie Knoll International und Herman Miller. Das erste Modell der Reihe war der Armlehnsessel Mod. 101 im Jahr 1955: Man wird ihn wohl als die Schweizer Antwort auf den Lehnsessel Knoll Mod. 70 von Eero Saarinen bezeichnen dürfen. Die Verwandtschaft ist offenkundig, die Unterschiede werden dann bei näherer Betrachtung sichtbar.[7] Statt die Armlehnen als Teil des «weichen Kragens» auszubilden, wie es Saarinen – hinreissend – tut, modelliert Bellmann sie als «Stummelflügel» aus den Seitenwänden der Schale. So nimmt der Sessel weniger Raum ein. Auch beim Untergestell zeigt sich, wie Bellmann, erneut inspiriert von Saarinen, eine verwandte und doch eigenständige Form findet. Auch seines besteht aus schwarz lackiertem Stahlrohr und unterfängt die Sitzschale. Doch anders als Saarinen verlegt Bellmann es vorne unter die Sitzschale und verringert optisch die vom Sessel eingenommene Breite durch die extrem starke Schrägstellung der Füsse, als deren Folge die beiden Fusspaare (vorne und hinten) sich hinter der Schale zu einem expressiven Dreieck verbinden. Damit lässt das Traggestell an die Sprungbeine einer Heuschrecke denken. Oder mit einem anderen Vergleich: Die Schale ruht ähnlich ausbalanciert auf dem Gestell, wie eine Schwebebahngondel am Drahtseil hängt.

Die ausgeprägte Trennung von Sitz und Gestell kennzeichnet Bellmanns sämtliche Sitzmöbel, und dies ist vielleicht der Hauptunterschied zur herkömmlichen Konfiguration, bei der Füsse, Sitzfläche und Lehne gleichberechtigte Teile sind. Der Sitz ist bei Bellmann immer der dominante Teil. Er verschmilzt die eigentliche Sitzfläche mit der Rückenlehne und je nachdem auch mit den Armlehnen, und um diese Konfiguration auf die gewünschte Höhe zu bringen, wird ihm ein Gestell unterlegt. Diese Charakteristik bestätigt die bei den frühen Tischen festgestellte Tendenz und trifft auch – neben dem Einpunkt-Stuhl – auf die gesamte Sitwell-Linie zu: Neben dem erwähnten Modell 101 sind dies der schmalere Fauteuil Modell 115 mit weniger ausgeformten Armlehnen, das Sofa und die entsprechenden Varianten ohne Armlehnen, Stuhl und Halbsofa, schliesslich auch der Fussteil. Besonders augenfällig ist die Zweiteilung auch im Fall der Lounge-Bestuhlung, bei der die Sitzschalen von einer fest installierten Konsolenkonstruktion aus Vierkantmetallprofilen getragen wurden. Am liebsten wäre es Bellmann gewesen, wenn die Untergestelle ganz unsichtbar gewesen wären. Deshalb scheint er einer schwarzen Lackierung generell den Vorzug vor einer verchromten Oberfläche gegeben zu haben. Angeblich sah er die Farbe Schwarz als eine Form von Abwesenheit an (was

Auf einem Metalluntergestell sind beim Ruhebett
Modell 130 die beiden Knickungen einzeln verstellbar.
Dimensionen: Länge 188 cm, Breite 70 cm, Höhe 40 cm.
Fotos Max Buchmann.

natürlich nicht zutrifft, wenn die «schwarz weggestrichenen» Profile Schatten werfen).

Die Kunststoffschalen des Sitwell-Programms waren nicht sichtbar, sondern als Trägermaterial behandelt, das mit Schaumstoff belegt und mit Textilien bespannt wurde (auch das eine Entsprechung zu Knoll International). Anders als bei Willy Guhls durchgefärbten Scobalit-Schalenstühlen, anders auch als bei den Plastic Chairs von Ray und Charles Eames war das polyesterähnliche Stracolite-Material (in der Bezeichnung erkennt man Wortbestandteile von Strässle Co.) nicht ansehnlich genug, um unverkleidet zu bleiben. Strässle blieb seiner Linie treu, Polstermöbel anzubieten, doch war das Sitwell-Programm hinsichtlich Form und Herstellungsmethode vollständig neu: Stuhl, Armsessel, Fussteil, Zweiplätzersofa mit und ohne Armlehnen, drehbarer Bürosessel mit Untergestellen aus Holz oder Stahlrohr. Bellmann selber baute die Gipsformen für die manuelle Herstellung der Stracolite-Schalen, die nach dem Besäumen der Ränder mit Schaumstoff (25 mm Dicke) belegt wurden. Daraufhin wurde der Bezugsstoff auf der Innenseite aufgeraut, mit der Polsterung verklebt und mit einem hohem Anteil an Handarbeit mit Kedernähten versehen. Dem Verlauf der Nähte und dem strammen Sitz der Stoffe wurde viel Aufmerksamkeit gewidmet.[8] Das Verfahren war arbeitsintensiv, aufwendig, die Preise entsprechend, und die so gefertigten Modelle galten als ausgesprochen hochwertig. Auch weil aus einer breiten Palette von reinwollenen Handwebstoffen der Firma Lorenz im freiburgischen Düdingen gewählt werden konnte, wurden die Modelle meist nur in kleinen Teilserien und nur auf Bestellung gefertigt. Insgesamt verhalfen die Sitwell-Modelle der Firma Strässle wohl zu einem neuzeitlichen Profil, doch hinsichtlich der Verkaufszahlen waren sie ein mittelmässiger Erfolg.[9] Die Farbpalette der Stoffe war kräftig («dekorativ»), der Umgang mit den Farben recht ungehemmt. Werbefotos des Sitwell-Programms, aufgenommen im Anbau des väterlichen Wohnhauses, machen deutlich, dass der Wille zur Buntheit als Errungenschaft empfunden und zur Nachahmung empfohlen wurde. Eine etwas kuriose Pointe liegt darin, dass das Bellmann-Programm von Strässle zwar tatsächlich ein neues Bild vermittelte, dass aber im Unterschied zu den traditionellen Strässle-Modellen die Sitwell-Bezugsstoffe sich nicht maschinell, sondern nur in Handarbeit vernähen liessen. «Die geistige Ökonomie Bellmanns gehorchte weder fabrikatorischen noch finanziellen und auch nicht immer praktischen Erwägungen: Sie zielte auf den bildhaften Ausdruck einer Idee»[10] Was Arthur Rüegg hier sehr zutreffend über das Spannstützenregal schrieb, gilt auch im vorliegenden Zusammenhang mit dem Sitwell-Programm (und für Bellmanns Arbeit insgesamt). In gestalterischer Hinsicht war vielleicht der Fauteuil Modell 115 (in der etwas niedrigeren Version Modell 121) am schönsten und eigenständigsten: kompakter als Modell 101 und mit einer aufregenden Linienführung der Armlehnen, die leider, weil sie nach vorne anstiegen, eher auf Ablehnung stiessen.[11]

Gleichzeitig mit der Arbeit für Strässle ergänzte Bellmann den Einpunkt-Stuhl für Horgenglarus um den GA-Stuhl, der sich mit seinen Linien vom organischen Repertoire absetzte. «GA» soll für «Garten» stehen, doch es ist schwer vorstellbar, dass dieser Stuhl im Freien eingesetzt werden konnte. Zwar hätten die beiden leicht gegeneinander geneigten Schalenhälften mit der Fuge dazwischen das Regenwasser ablaufen lassen, aber das Material Schichtholz und die punktförmigen Füsse eigneten sich nicht für regennasse Wiesen. Bei den längs getrennten Sitzhälften handelt es sich nicht um Gleichteile, was an den symmetrisch zueinander abgeschrägten Schmalseiten erkennbar ist. Auch da führt die dynamische und elegante Form bis zu einem gewissen Grad ein Eigenleben gegenüber einer einfachen Konstruktion und anderen Kriterien. Der GA-Fauteuil für die

Oben Entwurf zu einer neuen Sanitärproduktelinie mit Waschtisch, Klosettschüssel und Bidet (Auftraggeber und Entwurfsjahr unbekannt).
Unten Waschtisch Carina Modell 5100 für die Sabez Sanitärbedarf AG Zürich, 1953. Dazugehörende Garnituren für Zahnbürste und Seife. Fotos Max Buchmann.

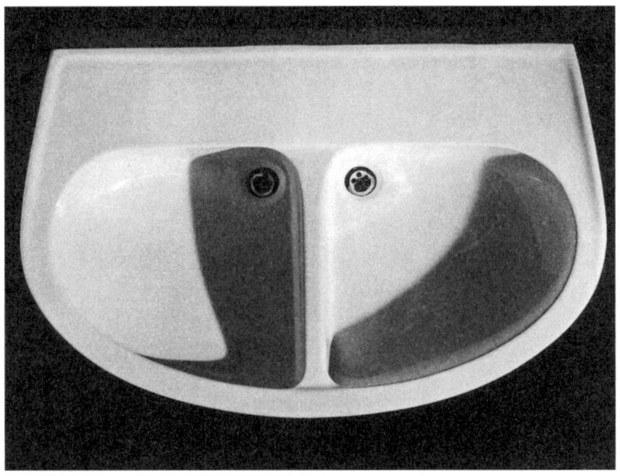

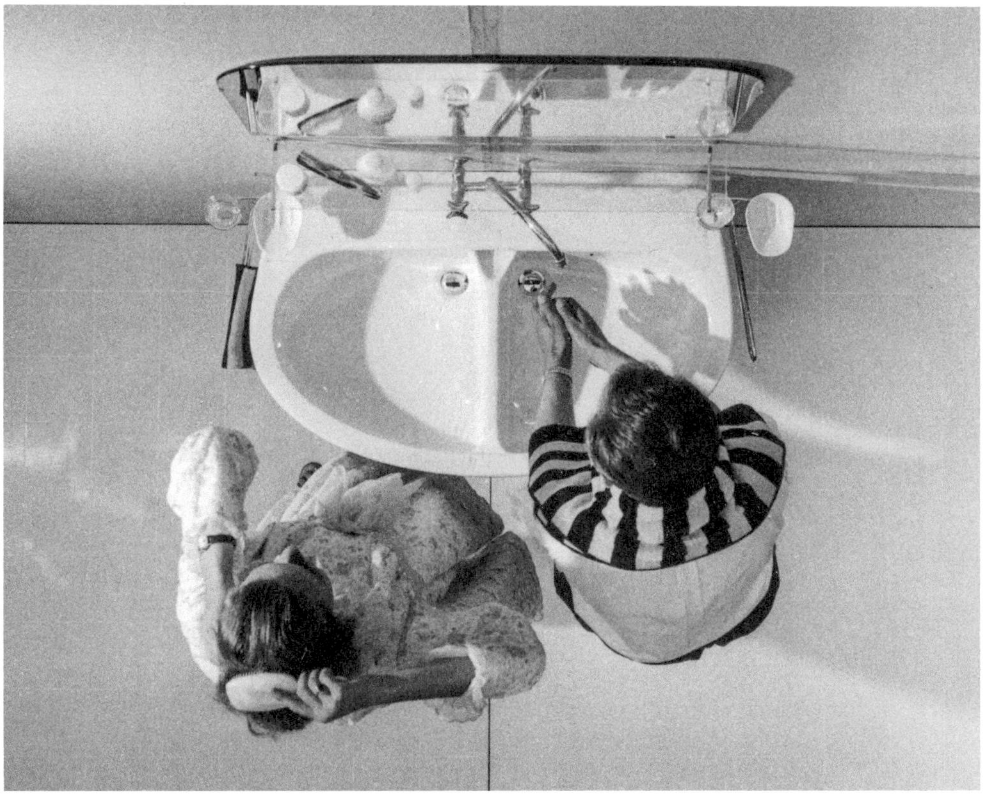

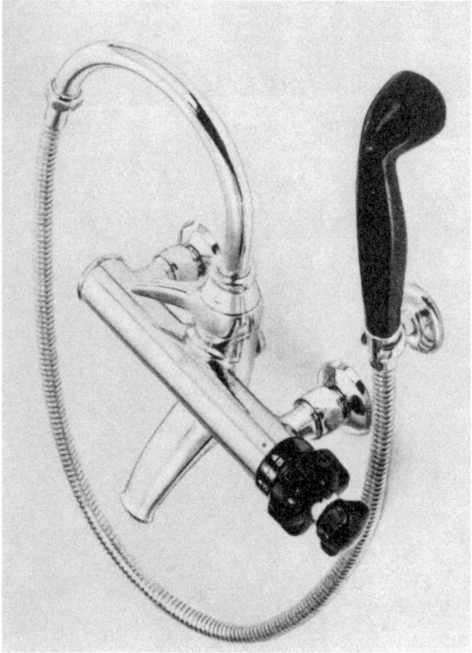

Doppelwaschtisch Carina Duo. Entwurf 1953 für die «Sabez» Sanitärbedarf AG Zürich. Badebatterie Arwa-Therm ebenfalls für Sabez und Armaturenfabrik Wallisellen (spätere Arwa AG). Es ist der erste druckunabhängige Einhandmischer mit konstanter Wassertemperatur. Fotos Max Buchmann.

Firma Domus schliesslich lässt 1963 dasselbe Interesse für facettierte Formen verstärkt in Erscheinung treten. Es handelt sich um einen nicht in Produktion gegangenen Entwurf. Die Sitzschale mit Armlehnen besteht aus acht gegeneinander geneigten ebenen Flächen und sollte auf einem Untergestell aus flach gespreizten Profilen ruhen (Drehbarkeit nicht vorgesehen). Eine vergleichbare Facettierung der Formen trat damals auch an Olivettis neuer Generation von Büromaschinen auf, entworfen von Marcello Nizzoli, wie sich auch nach 1960 die Karosserien von Autos aus zahlreichen Rundungen in die Gerade streckten (Fiat, Peugeot u.a.). Auch hier nimmt Bellmann die Veränderung des Zeitgeschmacks zu einem frühen Zeitpunkt auf – das heisst, er antwortet einerseits darauf, aber auch hier scheint sie bereits früher als eine mögliche Haltung artikuliert gewesen zu sein, wofür der GA-Stuhl von 1955 steht.

Claude Lichtenstein
ist Architekt, Publizist und Dozent für Kulturgeschichte/Designwissenschaft. Er lebt in Zürich.

Anmerkung

1 Hans Bellmann im Gespräch mit dem Autor, Juni 1989.
2 Wie Anm. 1.
3 Wie Anm. 1. Die Nachforschung im Archiv der Embru AG erbrachte keine Bestätigung für Bellmanns Aussage. Doch die formschlüssige Verbindung des Bellmann-Tisches entspricht jener der Stellwand. Besten Dank an Peter Lepel für die Abklärung des Sachverhalts.
4 Die längs gekreuzten Füsse des Wohnbedarf-Stuhls wurden 1948 im «Werk» von Alfred Roth kritisiert. Sie sind möglicherweise so ausgebildet, um den Stuhl etwas unter die Schräge des Tischgestells und damit näher an die Tischkante schieben zu können, doch ist der Gewinn gering und die Form ziemlich problematisch.
5 Wie Anm. 1
6 Im Gespräch erwähnte Bill einmal, ihm sei es bei einem Stuhl immer wichtig gewesen, dass man einen «Tschopen« (Veston) über die Rückenlehne hängen kann, was beim schlanken Bellmann-Rücken weniger gut möglich ist. Für Bellmann steht die elegante Wirkung an zentraler Stelle. Er opfert der Gebrauchstüchtigkeit nichts, wenn es um die Primärfunktion geht (Sitzen), aber einen Teil in Bezug auf die Zusatzfunktionen.
7 Die Nähe von Bellmann zu Saarinen und von Strässle zu Knoll International ist unübersehbar im gesamten Charakter der beiden Modellpaletten und ihrer Typologie. Da die Kataloge nicht datiert sind, sind exakte Aussagen über die Richtung der Einflüsse kaum möglich. Fest steht jedoch, dass die Fotografie von Saarinens grossem Modell bereits 1949 in Bills Ausstellung «Die gute Form» zu sehen war.
8 Eine Näherin brauchte mehrere Arbeitstage für einen Sessel! (Hinweis von Alex und Maria Strässle, Mai 2015).
9 Die Strässle-Modelle wurden auch exportiert. In Paris bot sie ein Detailhändler an der Place des Vosges an und auch in den USA fanden sich Käufer, während die Bundesrepublik Deutschland ein hartes Pflaster war. (Hinweis A. und M. Strässle, Mai 2015).
10 A. Rüegg: *Schweizer Möbel und Interieurs im 20. Jahrhundert,* Basel/Berlin 2002 (Birkhäuser), S. 170.
11 Hinweise A. und M. Strässle, Juli 2015.

Bildnachweis
S. 116, Archiv Maria und Alex Strässle, Kirchberg SG.
S. 118/119/124/126/127, Museum für Gestaltung Zürich, Designsammlung, ZHdK, © ZHdK.
S. 120/121/123/125, Archiv Rosmarie Bellmann, Wiggwil.

SITWELL-FAUTEUIL MODELL 115

1955 entstand in der Schweiz das erste industriell gefertigte Kunststoffschalen-Programm. Eine Ikone daraus ist das bei der Firma Strässle und Söhne AG entwickelte Modell 115 von Hans Bellmann.

Fotos: Michael Lio / Art Direction: Joan Billing & Samuel Eberli

Ein Fauteuil Modell 115 mit schwarzem Untergestell aus Stahlrohr und Originalbezug aus den 1950er-Jahren. Leihgabe Michael Fischer und Pascal Bucheli. Fotos Michael Lio, Archiv Designunddesign, Baden, © Michael Lio.

Linke Seite Ansicht des Sessels von hinten. Eine fast symmetrische Kurvenform. **Rechte Seite** Der Sessel liegt auf flachen Eisenrondellen auf und ist innen angeschraubt. Breite des Sessels 93 cm, Tiefe 78 cm, Höhe 84 cm.

SITWELL-POLYESTER-SCHALE

Als Pioniere in der Herstellung von Polyesterschalen entwickelte die Firma Strässle Söhne AG mit Hans Bellmann nicht nur eine neue Kollektion von Möbeln, sondern auch gleich ein neues Herstellungsverfahren.

Fotos: Michael Lio / Art Direction: Joan Billing & Samuel Eberli

Die rohe Sitzschale des Sitwell-Modells 115.

Sitzschale des Sitwell-Modells 108. Das von der Firma Strässle Söhne AG entwickelte Stracolite ermöglichte runde, in allen Dimensionen geformte, leicht elastische Schalen.

Oben und unten links Die Schalen wurden gepolstert und mit einem Textilbezug versehen. Das Untergestell wurde direkt mit der Polyesterschale durch Schrauben verbunden. Die Stracolite-Schalen gelten als erste industriell gefertigte Fiberglasschalen. Leihgaben Maria und Alex Strässle. Fotos Michael Lio, Archiv Designunddesign, Baden, © Michael Lio.

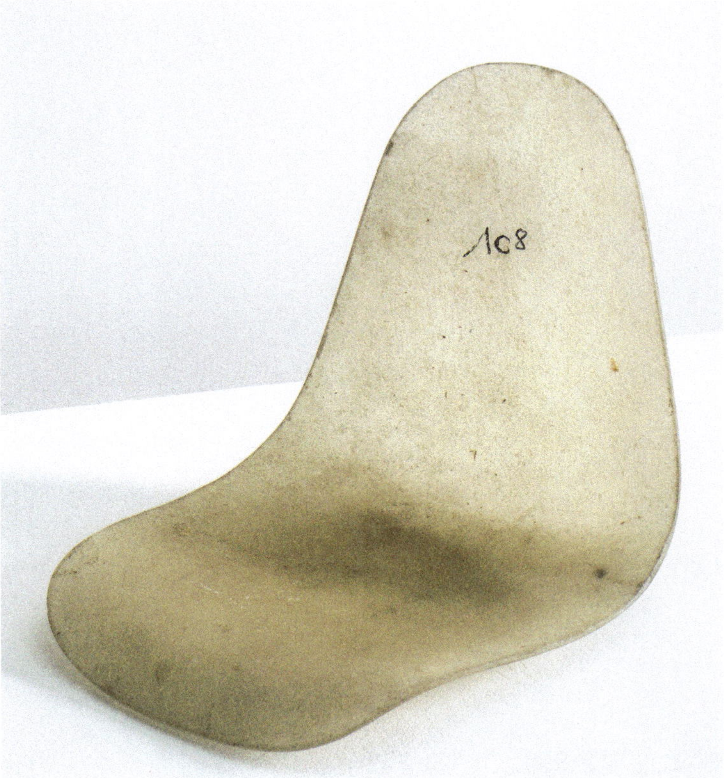

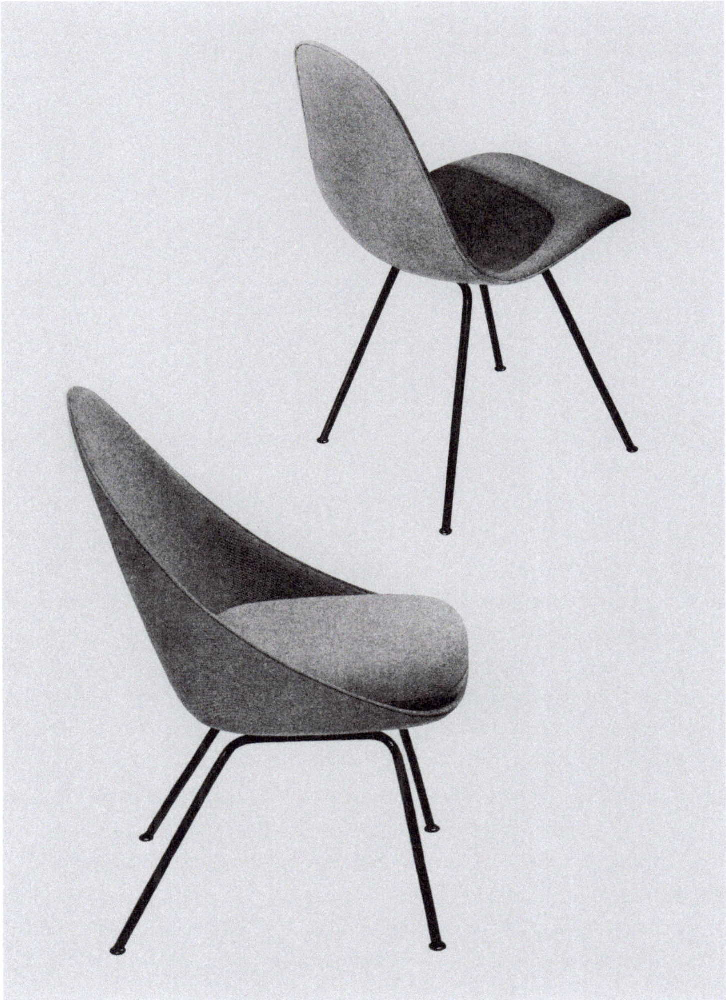

Modell 115 und Modell 108. Foto Max Buchmann.

GA PROTOTYPEN PROGRAMM 1955

Ein Sesselprogramm als Ergänzung zu den bereits bestehenden GA-Stühlen war fast ausgereift geplant – doch es blieb bei einem einzigen Prototypen.

Text: Joan Billing & Samuel Eberli

Parallel zu den Entwürfen seiner ersten Möbellinie mit Polyesterschalen für die Firma Strässle entwickelt und verfolgt Hans Bellmann ein weiteres ehrgeiziges Programm, bei dem die zugrunde liegende Idee des Zweischalen-Stuhls in einen Fauteuil überführt werden soll. Detailreich zeichnet er Sessel und Sofaelemente mit klaren geometrischen Linien und zueinander gewinkelten Flächen. Systematisch dekliniert Hans Bellmann sämtliche Varianten zu seinem Sesselentwurf auf seinen Plänen und Zeichnungen bis hin zu Lager-, Montage- und Versandanweisungen gleich durch: mit und ohne Rückenlehne, mit unterschiedlich hohen Rücken- und Armlehnen. Allen Varianten gemeinsam ist ein schwarzes Untergestell, aus Flacheisen oder Bandstahl zusammengeschweisst. Eine Spezialität tritt bei den Fussrondellen auf: Eine der vier Scheiben ist höhenverstellbar und kann, um ein Wackeln des Sessels zu vermeiden, einem unebenen Boden angepasst werden. Hergestellt werden auch Modelle der verschiedenen Variationen im Massstab von 1:5, ein Faltprospekt für das GA-Programm ist bereits fertig für den Druck – doch das GA-Sesselprogramm wird nicht in die Produktion aufgenommen. Nur ein Fauteuil mit hoher Rücken- und ohne Armlehne wird als Prototyp hergestellt.[1] Mit diesem GA-Programm ist Bellmann seiner Zeit weit voraus und nimmt bereits die Formensprache einer neuen Generation der 1960er-Jahre vorweg: Das Kristallin-Futuristische und Kantig-Technische. Konträr zum Sitwell-Programm von Strässle ist hier die organische Form gänzlich verschwunden.

Joan Billing, Designerin, betreibt Forschung, Beratung und publiziert zu Design zusammen mit **Samuel Eberli,** Architekt in Baden. Sie initiierten 2007 Design+Design, kuratieren die jährliche Ausstellung der Serie «Protagonisten der Schweizer Wohnkultur» und geben die dazugehörende Publikation heraus.

Fussnote

1 Dieser befindet sich heute im Atelier des Wohnhauses bei Rosmarie Bellmann.

Bildnachweis

S. 137-139/141, Archiv Rosmarie Bellmann, Wiggwil.
S. 139/140, Museum für Gestaltung, Designsammlung, ZHdK, © ZHdK
S. 140, Archiv Designunddesign, Baden, © Michael Lio.

Klare geometrische Linien zeichnen das gepolsterte Sesselprogramm aus. Im Massstab 1:5 wurden diverse Modelle hergestellt. Hier ein Sessel mit hoher Rückenlehne und Armlehnen. Foto Max Buchmann.

Ganze Seite Modelle im Massstab 1:5 mit hoher Rückenlehne und zueinander geneigten Flächen. Fotos Max Buchmann.

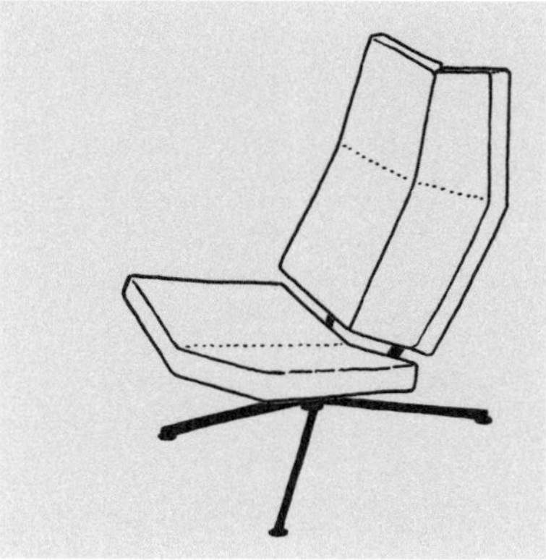

Oben Armlehnsessel mit tiefer Rückenlehne als Modell im Massstab 1:5. **Rechts** Skizzen zu verschiedenen Möglichkeiten von Sesselausführungen. Nur das Untergestell aus zusammengeschweisstem Flacheisen mit Fussrondellen wurde jeweils unverändert übernommen.

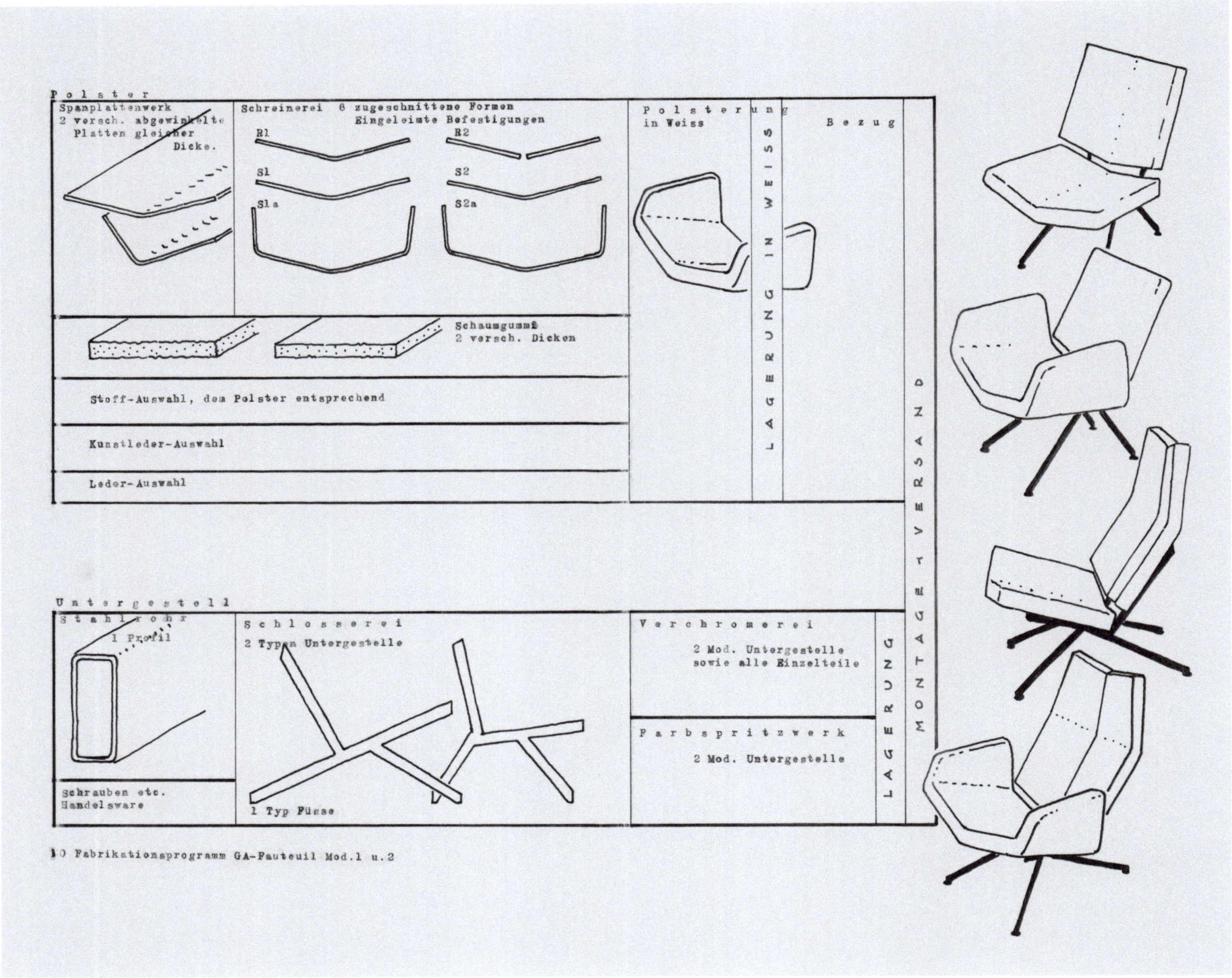

Oben Das Fabrikationsprogramm für den GA-Fauteuil war bereits vorhanden.
Links Der einzige hergestellte Prototyp. Foto Michael Lio.

Armlehnsessel mit hoher Rückenlehne. Modell im Massstab 1:5.
Foto Max Buchmann.

ATELIERTISCH

Ein aussergewöhnlich eleganter Tisch mit Beinen aus Rundrohr und leichter Holzplatte.

Fotos: Michael Lio / Art Direction: Joan Billing & Samuel Eberli

Die Tischbeine sind in breitem Winkel ausgestellt, das Tischblatt kragt dadurch weit aus. Leihgabe Peter Tellini. Fotos Michael Lio, Archiv Designunddesign, Baden, © Michael Lio.

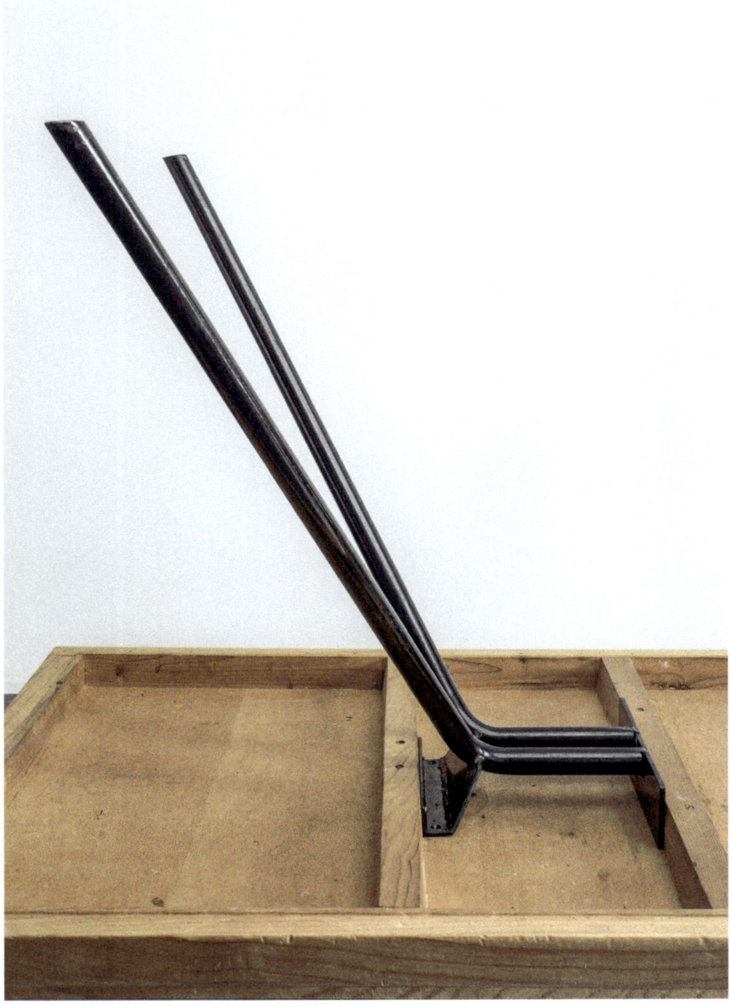

Oben links und unten Die Tischbeinkonstruktion wird als Joch direkt in die Rippen des Tischblatts eingeklemmt und mit wenigen Schrauben im Holz fixiert. **Oben rechts** Abgerundete Gummizapfen an den Tischbeinenden verhindern das Rutschen.

Der als Arbeitstisch in einem Atelier genutzte Tisch wurde weiss gestrichen. Leihgabe Peter Tellini. Fotos Michael Lio, Archiv Designunddesign, Baden, © Michael Lio.

BELLMANNS «SANDKASTEN»

Rurale Architektur und modernes Design verbinden sich zum Gefäss einer selbstbestimmten Lebensform.

Text: Arthur Rüegg / Fotos: Andreas Zimmermann

Hans Bellmann bricht 1968, nunmehr 57 Jahre alt, auf dem Höhepunkt seiner Karriere die Zelte in Zürich ab und kauft ein unverfälschtes altes Bauernhaus im aargauischen Freiamt, weitab vom Getriebe der Stadt. Als Möbelentwerfer hat er mit Firmen in der Schweiz, in Deutschland, Frankreich und den USA zu tun, daneben ist er längst auch als Industrieberater bei Firmen wie Sabez, Therma oder Homoplax erfolgreich tätig. Als Lehrer hat er sich nach Zürich, Ulm und Basel auch in den USA bekannt gemacht, zuletzt 1965 als Visiting Critic an der Harvard University. Seine persönliche Wahrnehmung dieser Karriere ist allerdings anders. Viele seiner Frustrationen teilt Bellmann Josef Albers mit: «Seit ich in Ulm Krach machte und davonlief, weil mir die ganze Haltung von Bill zu verantwortungslos war, bin ich in Bauhaus-Kreisen unmöglich, gelte als Verräter an der Sache usw.» (19. September 1961). Ein anderes Mal erwähnt er ein Polstermöbelprogramm, das «ein Schweizer Fabrikant als sog. Werkentwurf in der Schweiz herausbringen» wolle. «Ich müsste aber auf die Nennung meines Namens verzichten. Der Mann will offenbar Leute, die etwas länger Schweizer sind als ich, nicht vor den Kopf stossen. [...] Ich gedenke nun auszuwandern, denn ich glaube, dass ich irgendwo noch etwas zu bieten habe. [...] Ich bin zum Glück mit einer Frau verheiratet, [...] die mit mir ans Ende der Welt geht.» (23. Januar 1963). In der Folge nimmt er verschiedene Lehrverpflichtungen in den USA wahr.

Mit der ihm eigenen Radikalität entscheidet er sich schliesslich für die ländliche Abgeschiedenheit im Weiler Wiggwil, einer Fraktion des am Lindenberg gelegenen 800-Selen-Dorfs Beinwil, die nicht einmal an den öffentlichen Verkehr angeschlossen ist. Die fantastische Aussicht über das Reusstal muss den offensichtlichen Mangel an Komfort kompensieren, den auch seine Familie mittragen muss. Mit 43 Jahren hat er Rosmarie Rüeger geheiratet, eine ebenfalls der Wohnbedarf AG verbundene Absolventin der Innenarchitekturklasse an der Zürcher Kunstgewerbeschule, und seither sind die vier Töchter Sabine, Monica, Pia und Franziska hinzugekommen.

Die aussergewöhnliche Sorgfalt und Energie, die Bellmann zwanzig Jahre lang in den Ausbau seines Bauernhauses investiert, ist kaum das Ergebnis eines denkmalpflegerischen Interesses, obwohl die Transformation auch in dieser Hinsicht überzeugt. Die für Bellmann charakteristische Disziplin und Selbstbescheidung lässt nicht mehr als subtile kleine Eingriffe zu und vermeidet alles, was auch nur ansatzweise luxuriös oder mondän wirken würde. Allerdings schreibt der ehemalige Bauhäusler die Geschichte kompromisslos mit den eigenen, an der Moderne orientierten Mitteln fort. Jenseits der Rücksichtnahme auf irgendwelche Kundenwünsche wird das Haus als eine Art «Sandkasten» (Bellmann) zum Schauplatz eines leidenschaftlichen Ringens um die Angemessenheit der Eingriffe, die Ökonomie der eingesetzten Mittel und das elegante Recycling des Vorgefundenen. Bellmann überlagert bestehende Sprossenfenster mit geometrisch strengen Regalen und setzt umgekehrt überzählige Fensterflügel vor neu eingebauten Geschirrschränken ein. Kartonrohre aus seinem Atelier erhalten, farbig lackiert, eine Zweitverwendung in den Kinderzimmern. Barocke Fundstücke künden von persönlichen Affinitäten: in Form von frei in den Raum gehängten barocken Putten oder von profilierten Wandkonsolen, die er mit hellen, an Josef Albers gemahnenden Farbflächen in den Bestand einbindet.

Überhaupt die Farbe! Das in seinen Dimensionen belassene lichte Wohnzimmer erhält eine hellblau gestrichene, mit anthrazitfarbenen Balken unterbrochene Deckenuntersicht und hellockerfarben gefasste Wände, die mit dem sattgrünen Kachelofen kontrastieren und den Querschnitt durch das dem nomadischen Wohnen verpflichtete Möbelschaffen zum

Vorherige Seite Das Atelier von der Galerie aus gesehen, 1991: Büchergestell als Lichtfilter vor dem bestehenden Sprossenfenster, mit Segeltuch bezogener Arbeitstisch, darauf Holzskulpturen Bellmanns, rechts Materialschrank mit Spolienfach. Foto Silvio Schmed.

Strahlen bringt. Auf der anderen Seite des betont dunklen Eingangsbereichs liegt das doppelstöckige Atelier Bellmanns, dessen grauweisse Seitenwände mit einem grossflächigen Wandbild auf der einen und einem Modulor-Mann auf der andern Seite – beide auf hellblauem Grund – gegliedert sind. Es sind feine, an Le Corbusiers Polychromie architecturale orientierte Töne, die «nicht zu viel Lärm machen». Bellmann mischt sie unter Verwendung von Farbpulver selbst (wie seine Lehrer am Bauhaus, die «keine Tuben, sondern eine Kiste mit Pigmenten» besassen) und kommt so «immer in die richtige Richtung».

Von der Eingangshalle aus wird der grüne Kachelofen beheizt, ebenso ein kleiner Kanonenofen. Die Wärme verteilt sich über die Treppe nach oben sowie in die Tiefe des Hauses, wo ein mit einer Schrankwand und einer Wascheinheit kombinierter Essplatz liegt. Die hochglänzend gestrichene Decke der angrenzenden Küche reflektiert das aus einer schön unterteilten Fensterwand einfallende Licht ins Innere. Gnadenlos durchdachte Ökonomie herrscht auch hier. Auf zwei Herdplatten kocht Rosmarie Bellmann für die ganze sechsköpfige Familie. Die bewusst spartanische Lebensform ist mit der elementaren Erfahrung der Urhütte ebenso verbunden wie mit dem ästhetischen und funktionellen Genuss ihrer minimalen Urbanisierung.

Zu den Spuren des trotz aller Diskretion intensiven Aneignungsprozesses gehören nebst den vielen eigenen Möbeln auch die Tafel- und Wandbilder Bellmanns. Wahrscheinlich sind sie als präzis gesetzte Duftmarken ebenso wichtig wie als Dokumente einer eigenständigen Auseinandersetzung mit den alten Bauhaus-Meistern. Die gelbliche Bretterwand des Schopfs zierte eine – heute verschwundene – weiss-schwarz gestreifte Amöbenform. In der Eingangshalle leuchtet neben dem Fenster eine Konstellation weisser Ovale auf einer hellblauen Tafel. Im Wohnzimmer sind es dagegen Rechtecke, die auf schwarzem Grund komponiert sind. Völlig frei fühlt sich Bellmann beim Schnitzen seiner dem gewachsenen Holz abgerungenen Skulpturen («Holzcheibe»), die allenthalben die strengen Geometrien auflockern. Grossformatige Schwarzweissfotografien und Landkarten dokumentieren die Reisen des Ehepaars, das – immer auf den Spuren der Kunstgeschichte – bis ins reife Alter mit dem Zelt in die Ferien geht, vor allem nach Italien und Frankreich und mit besonderem Fokus auf der Kunst der Etrusker und der romanischen Architektur. Einmal schafft es Bellmann noch bis zur chinesischen Mauer (1983/84), aber dann lebt er wieder in «königlich-bayerischer Ruhe» seinen Idealen nach, die von einer konsumwütigen Zeit längst über Bord geworfen worden sind.

Arthur Rüegg
ist Architekt in Zürich (geb. 1942), war 1991–2007 Professor für Architektur und Konstruktion an der ETH Zürich und forscht und publiziert zu Konstruktion, Farbe und Wohnkultur der Moderne. Letzte Ausstellungen und Publikationen: *Le Corbusier – Möbel und Interieurs 1905–1965*, 2012; *100 Jahre Schweizer Design*, Zürich 2014 (mit Renate Menzi); *Sammeln heisst Forschen*, Zürich 2015 (mit Ruggero Tropeano), *Chandigarh sehen*, Zürich 2015 (mit Bruno Maurer).

Bildnachweis
S. 147, Archiv Arthur Rüegg.
S. 148-153, Archiv Designunddesign, Baden, © Andreas Zimmermann.

Talfassade, 2015: Rechts offener Carport, neu ausgebrochene Fensteröffnungen und feine Lattungen verbinden sich mit dem Bestand.

Linke Seite Das Atelier, gegen die Bibliotheks- und Schlafgalerie gesehen, 2015: rechts eine italienische Barockkonsole mit einer von Josef Albers inspirierten Wandgestaltung Bellmanns, oben ein Wandbild auf hellblauem Grund, in der Ecke ein GA-Fauteuil ohne Armlehnen, Entwurf 1963, darüber eine Holzskulptur Bellmanns. **Oben** Blick ins Atelier vom Eingang her, 2015: rechts Materialschrank mit Durchblick auf den Arbeitsplatz, links die Barockkonsole sowie ein Satztisch 701, Entwurf 1954. **Unten links** Wandgestaltung mit dem Modulor-Mann Le Corbusiers, 2015, rechts angeschnitten der Arbeitstisch Bellmanns. **Unten rechts** Eingangshalle, 2015: Ein Holzregal mit farbigen Gläsern überlagert die bestehenden Sprossenfenster, rechts eine Komposition Bellmanns mit weissen Formen auf hellblauem Grund.

Oben Kinderzimmer im Obergeschoss, 2015: Ein von Bellmann hergestellter Schrank ist integrierender Bestandteil des Innenraums, mit farbigem Papier kaschierte Kartonrollen dienen als «Schubladen». **Unten** Wohnzimmer, 2015: von Bellmann eingebauter offener Schrank mit englischen Zügen, zwei Einpunkt-Stühle, Entwurf 1951/52. **Unten rechts** Musikzimmer im Obergeschoss, 2015: barocke Konsole mit Wandgestaltung Bellmanns.

Küche, 2015: Unterbau aufgehängt, Oberbau offen, neue Fensteröffnung mit Arbeitsbrett, hochglänzend gestrichene Decke und Seitenwand reflektieren das Licht ins Innere des Hauses.

KINDER-BETTCHEN

Für seine Töchter entwarf Hans Bellmann ein Kinderbettchen mit Fadengitter-Klappe. Mit wenigen Handgriffen kann diese gelöst und wieder befestigt werden.

Fotos: Michael Lio / Art Direction: Joan Billing & Samuel Eberli

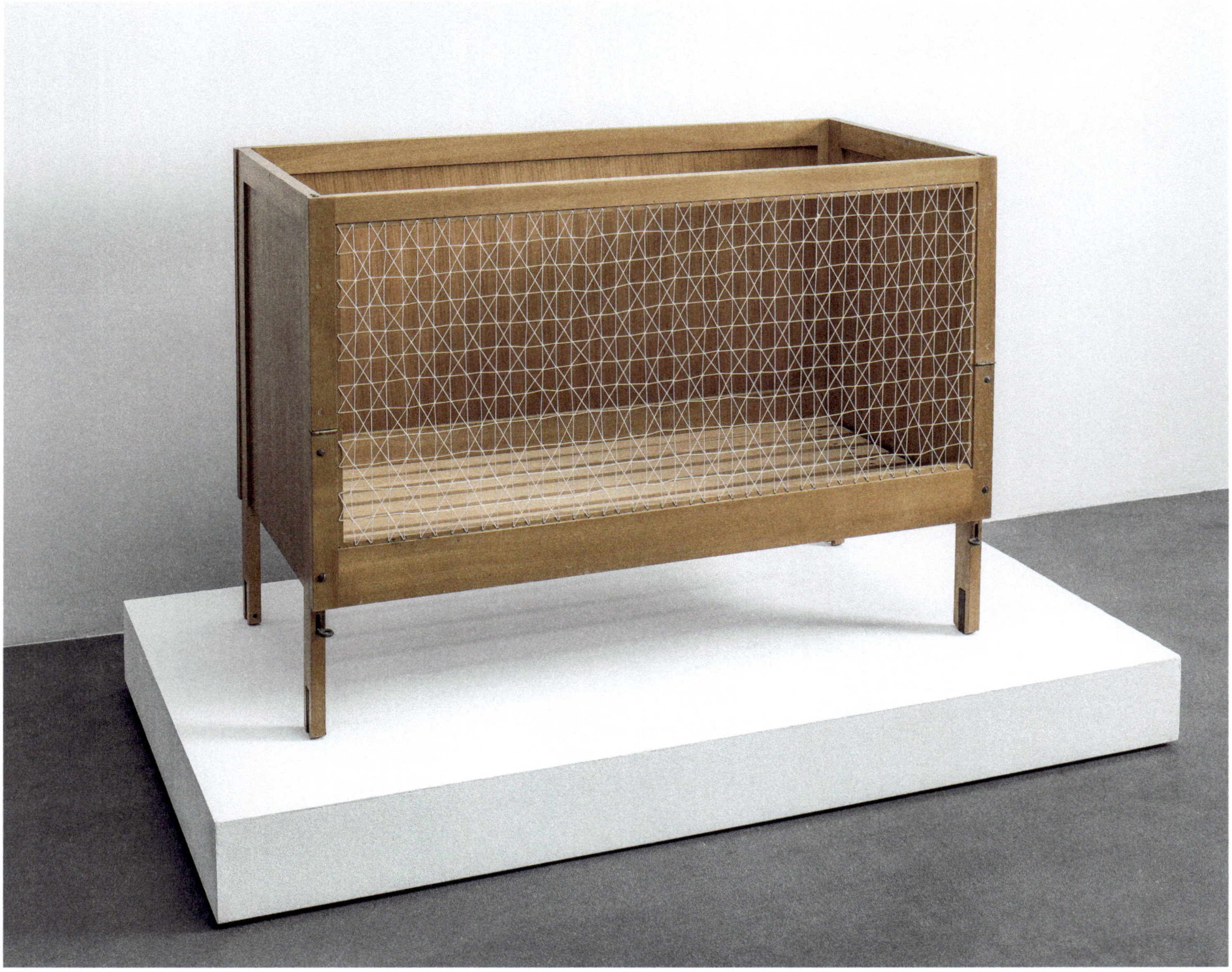

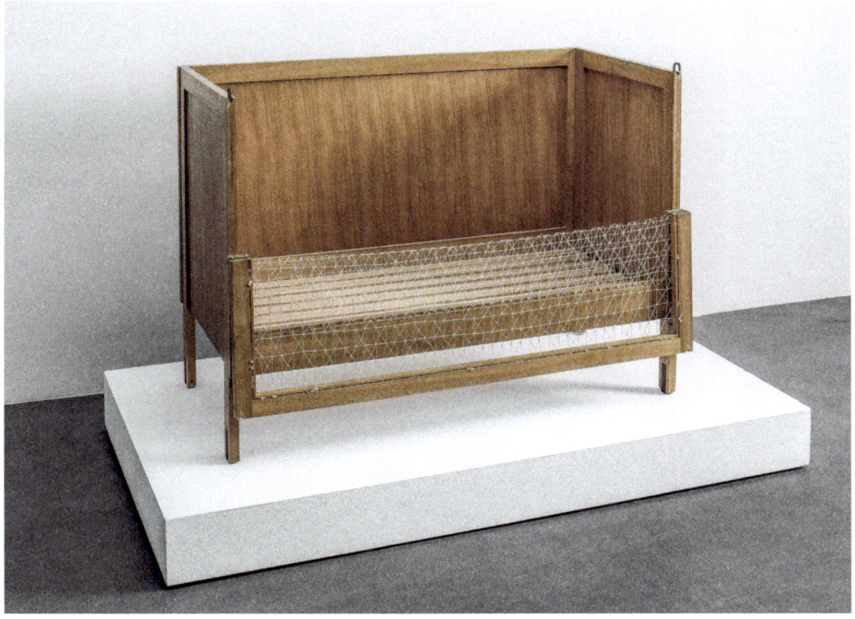

Linke Seite Die Beine des Kinderbetts haben Gummieinlagen. Diese machen es rutschfest und gewähren eine leichte Dämpfung. **Oben** Das Bett mit geöffneter Klappe. **Unten** mit dem Fuss kann der Arretierstab der Klapppe gelöst werden. Fotos Michael Lio, Archiv Designunddesign, Baden, © Michael Lio.

DANKE

Rosmarie Bellmann
Arthur Rüegg
Claude Lichtenstein
Michael Hanak
Susanna Koeberle
Anita Simeon
Juho Nyberg
Alfred Hablützel
Michael Lio
Andreas Zimmermann
Erika Trautvetter-Gericke
Christian Oberholzer
Maria Strässle
Alex Strässle
Marco Wenger
Walter Knöpfel
Andreas Mantel
Peter Lepel
Jo Klatt
Peter Tellini
Matthias Gut
Michael Fischer
Pascal Bucheli
Reto Coaz
Esther Solèr
Beat Gloor
Christian Brändle
Renate Menzi
Liana Bähler
Franz Xaver Jaggy
Umberto Romito
Thomas Kramer
Anna Brinkmann
Nadine Olonetzky
Katrin Trautwein
Christine Dietrich
Joe Glanzmann
Phillippe Carrard
Andrea Wiegelmann
Thomas Walliser
Roland Merz
Rolf Billing
Anita Billing
Sonja Michaud
Dario Ressegatti
Laura Iten
Charlotte Lienhard
Minh Nghia Pham
Yu Ting Chung
Marcel Indermaur
Andreas Bernhard
Giulia Bignasca

Unseren Gönnern, Sponsoren, Mithelfern und allen, die hier nicht genannt wurden, sich aber für diese Publikation eingesetzt haben.

IMPRESSUM

Monografie zur Ausstellung
Hans Bellmann
Design+Design 15
Architekturforum Zürich
7. bis 29. November 2015

Herausgeber
designunddesign GmbH
Joan Billing / Samuel Eberli
Postfach 1417
CH-5400 Baden

Redaktion/Grafi k
designunddesign GmbH

Konzept/Recherche
Joan Billing CD/AD
Samuel Eberli

Mitwirkende der Ausgabe
Arthur Rüegg
Claude Lichtenstein
Michael Hanak
Renate Menzi
Juho Nyberg
Reto Coaz
Esther Solèr
Susanna Koeberle
Andreas Zimmermann
Michael Lio

Korrektorat/Lektorat
Text Control AG,
Beat Gloor

Anschrift Redaktion
designunddesign GmbH
Postfach 1417
CH-5400 Baden
Tel. +41 (0)56 222 66 22
Fax +41 (0)56 221 78 11
info@designunddesign.ch
www.hansbellmann.ch

Lithografie, Druck und Bindung
DZA Druckerei zu Altenburg GmbH,
Thüringen

Papier
Z-Offset Rough FSC®, 120 g/m2
Fischer Papier AG

Verlag
Verlag Scheidegger & Spiess
Niederdorfstrasse 54
CH-8001 Zürich
www.scheidegger-spiess.ch

Dieses Buch erscheint in der Reihe
«Protagonisten der Schweizer Wohnkultur».

ISBN 978-3-85881-485-2

Design+Design dankt herzlich folgenden Institutionen für den regen Austausch:

Museum für Gestaltung Zürich
Verlag Scheidegger & Spiess
BSA Bund Schweizer Architekten
SWB Ortsgruppe Zürich
AG Möbelfabrik Horgenglarus

DESIGN+
DESIGN
PUBLISHER

Ein besonderer Dank geht an das Museum für Gestaltung Zürich für das grosse Vertrauen, das uns entgegengebracht wurde, indem das Archiv der Sammlung für unsere Recherchen im Nachlass von Hans Bellmann geöffnet wurde. Ebenso danken wir dem Museum für Gestaltung Zürich für seine tatkräftige Unterstützung in Form von Leihgaben, Bild- und Archivdokumenten, welche wir für die Erstveröffentlichung verwenden durften. Ein weiterer Dank geht an Frau Rosmarie Bellmann, Herrn Christian Oberholzer, Frau Maria Strässle, Herrn Alex Strässle wie auch an die Möbelfabrik Horgenglarus. Sie alle haben uns weiteres Bild- und Dokumentationsmaterial zur Verfügung gestellt. Des Weiteren möchten wir Arthur Rüegg und Claude Lichtenstein herzlich danken, die bereits 1990 die Basis für diese Publikation geschaffen haben, indem sie Besuche und Gespräche mit Hans Bellmann noch zu Lebzeiten führten. Dem Verlag Scheidegger & Spiess danken wir für die grossartige Möglichkeit, die Publikation verlegen zu können. Die Realisation der Publikation in der vorliegenden Form wäre nicht möglich gewesen ohne die grosszügige Unterstützung der Schweizer Kulturstiftung Pro Helvetia, von Swisslos Kanton Aargau, der Stadt Baden und weiteren Institutionen.

Museum für Gestaltung Zürich

prohelvetia

SWISSLOS
Kanton Aargau

STADT BADEN

ERNST GÖHNER STIFTUNG

Giuseppe Kaiser-Stiftung

Jubiliäumsstiftung Mobiliar

embru

KULTUR- UND SOZIALSTIFTUNG MÖBEL PFISTER

pendt
LADENBAU INNENAUSBAU

urech
DER BODENDESIGNER
SEIT 1959